锦屏二级水电站输水发电系统水力瞬变调控理论与技术

中国电建集团华东勘测设计研究院有限公司

张春生 陈祥荣 侯靖 吴旭敏 潘益斌 李高会 著

中国水利水电出版社
www.waterpub.com.cn
·北京·

内 容 提 要

本书是在锦屏二级水电站输水发电系统设计中，从工程水力瞬变与调控问题的理论认识到研究过程再到实践检验成果的总结。主要讨论了锦屏二级水电站输水发电系统水力瞬变调控理论与技术，包括调压室的布置、选型及优化，水工模型试验研究，过渡过程仿真计算及真机原位试验，时间窗口水力调控技术等方面的内容。与一般水力过渡过程著作相比，本书更侧重工程应用中实际问题的解决过程与方法的阐述。

本书可供从事水利及机电相关专业的科研、设计单位的工作人员借鉴参考，也可供高等院校水利及机电相关专业的师生学习使用。

图书在版编目（CIP）数据

锦屏二级水电站输水发电系统水力瞬变调控理论与技
术 / 张春生等著. -- 北京：中国水利水电出版社，
2021.10
　　ISBN 978-7-5226-0115-1

　　Ⅰ．①锦… Ⅱ．①张… Ⅲ．①水力发电站—电力系统
运行—研究—锦屏县 Ⅳ．①TV737

中国版本图书馆CIP数据核字(2021)第212152号

书　　名	锦屏二级水电站输水发电系统水力瞬变调控理论与技术 JINPING ERJI SHUIDIANZHAN SHUSHUI FADIAN XITONG SHUILI SHUNBIAN TIAOKONG LILUN YU JISHU
作　　者	中国电建集团华东勘测设计研究院有限公司 张春生　陈祥荣　侯　靖　吴旭敏　潘益斌　李高会　著
出版发行	中国水利水电出版社 （北京市海淀区玉渊潭南路 1 号 D 座　100038） 网址：www.waterpub.com.cn E-mail：sales@waterpub.com.cn 电话：(010) 68367658（营销中心）
经　　售	北京科水图书销售中心（零售） 电话：(010) 88383994、63202643、68545874 全国各地新华书店和相关出版物销售网点
排　　版	中国水利水电出版社微机排版中心
印　　刷	北京市密东印刷有限公司
规　　格	170mm×240mm　16 开本　10.75 印张　211 千字
版　　次	2021 年 10 月第 1 版　2021 年 10 月第 1 次印刷
印　　数	0001—1000 册
定　　价	**56.00 元**

前　言

　　近年来，随着我国社会经济快速发展所带来的巨大电力需求，一大批水电站开工建设，水电事业得到了飞速的发展，水电站输水发电系统水力过渡过程研究也在此过程中积累了一定的经验。但由于各种原因，许多大型水电站输水发电系统布置日趋复杂，输水发电系统水力过渡过程新难题也逐渐得以显现，成为工程设计中不可忽视的一部分。由此展开的具有工程针对性的难题的技术攻关也使得我国水力过渡过程分析技术得到了进一步的发展与创新，同时也成为确保水电站工程安全的重要技术支撑。

　　中国电建集团华东勘测设计研究院有限公司（简称华东院）设计的锦屏二级水电站位于雅砻江干流，利用雅砻江锦屏150km大河湾的天然落差截弯取直引水发电，是雅砻江上水头最高、装机规模最大的水电站，输水发电系统布置复杂，具有隧洞长、流量大、机组容量大等特点，在行业内被誉为"规模最大、水力惯性巨大、水力瞬变流最复杂的水电工程"。华东院在锦屏二级水电站的设计过程中，通过对输水发电系统水力瞬变和调控难题的技术攻关，产学研结合，成功完成了水力瞬变仿真技术及平台、调压室水力特性优化、机组稳定性分析、水力调控技术等多方面成果和创新，形成了一套特大引水发电系统水力瞬变与调控的成熟理论与实践方法，并在工程实际运行中得到了充分的检验。

　　本书是在锦屏二级水电站输水发电系统的设计中，从工程水力瞬变与调控问题的理论认识到研究过程再到实践检验成果的总结。与一般水力过渡过程著作相比，本书更侧重工程应用中实际问题的解决过程与方法的阐述。

　　本书包含6章：第1章主要介绍了锦屏二级水电站输水发电系统的整体布置，在设计过程中的重大调整经历，以及对工程的水力特性的初步分析；第2章主要介绍了水力瞬变与调控技术理论和仿真计算方法，以及华东院在结合众多工程设计实践所打造出的具有自主知识产权的高精度水力机械瞬变流分析软件；第3章主要介绍了可行性研究阶段及招标阶段对调压室布置、调压室选型、调压室体型优化方面的研究，最终确定采用差动式调压室方案的依据；第4章主要介绍了锦屏二级水电站调压室水力模型试验研究的成果以及对输水发电系统水锤模型试验问题的探讨；第5章全面介绍了输水发电水力过渡过程工况、机组稳定性分析的仿真计算，以及计算成果与真机原位试验的对比；第6章主要介绍了输水发电系统时间窗口水力调控技术的研究与实践。

本书在编写过程中得到了张健、鞠小明、李新新、俞晓东、陈顺义、方杰、吴疆、刘宁、崔伟杰、周天驰、李路明、孙洪亮、章梦捷以及蒋磊等科研、工程技术人员及相关单位的大力支持，特在此表示感谢！

限于水平，书中难免存在疏漏和不足之处，敬请读者指正。

作者

2021年6月

目　录

第1章 概　　述

1.1　工程概况

　　锦屏二级水电站位于四川省凉山彝族自治州木里、盐源、冕宁三县交界处的雅砻江干流上，利用雅砻江锦屏 150km 大河湾的天然落差截弯取直引水发电。闸址位于雅砻江锦屏大河湾西端的猫猫滩，上游距锦屏一级水电站坝址约 7.5km，控制集水面积 102663km^2，厂址位于雅砻江锦屏大河湾东端的大水沟，集水面积 108908km^2。水电站装机容量为 4800MW，单机容量 600MW，额定水头 288m，多年平均年发电量 242.3 亿 kW·h，保证出力 1972MW，年利用小时数为 5048h，是雅砻江上水头最高、装机规模最大的水电站，在行业内被誉为"规模最大、水力惯性巨大、水力瞬变流最复杂的水电工程"。

　　锦屏二级水电站工程枢纽主要由首部低闸、输水系统、尾部地下厂房等建筑物组成，为低闸、长输水隧洞、大容量的水电站。地下发电厂房位于雅砻江锦屏大河湾东端的大水沟，该电站整体布置见图 1.1 - 1。引水洞线自景峰桥至大水沟，采用四洞八机布置，引水隧洞共 4 个水力单元。引水系统由电站进水口、引水隧洞、上游调压室、高压管道、尾水出口事故闸门室以及尾水隧洞等建筑物组成。

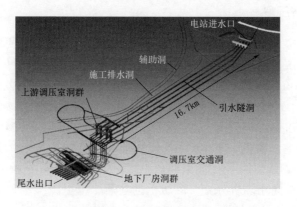

图 1.1 - 1　锦屏二级水电站整体布置三维效果图

1.2　枢纽布置

　　锦屏二级水电站发电引水系统采用四洞八机布置方案，4 条平行布置的引水隧洞自景峰桥至大水沟，横穿跨越锦屏山，从隧洞进水口至上游调压室的平均洞线长度约 16.7km，隧洞中心距 60m，隧洞主轴线方位角为 N58°W，立面为缓坡布置，底坡坡比 3.65‰，由进口底板高程 1618.00m 降至高程 1564.70m（或 1564.90m），其后与上游调压室相接。枢纽平面布置图和厂房纵剖面图见图 1.2－1 和图 1.2－2。

1.2.1　引水隧洞

　　四条引水隧洞中，除 1 号、3 号引水隧洞东端采用 TBM（全断面隧道掘进机）法开挖外，其余均采用钻爆法施工，全长采用全断面钢筋混凝土衬砌结构。TBM 法开挖隧洞为圆形断面，开挖洞径 12.4m，考虑到施工因素衬砌调整为四心圆断面，见图 1.2－3，衬后隧洞跨度 10.8m。西端和中部潜在岩爆段钻爆法开挖均采用四心圆马蹄形断面，东端盐塘组大理岩洞段钻爆法开挖采用平底马蹄形断面，开挖洞径 13.0～14.3m，衬后除西端仍采用四心圆马蹄形过流断面外，中部潜在岩爆段和东端均采用平底马蹄形过流断面，衬后洞径 11.2～11.8m。引水隧洞单洞最大引用流量为 457.2m³/s，对应 TBM 开挖洞段洞内流速为 4.87m/s，钻爆法开挖洞段洞内流速为 4.04～4.41m/s。上游正常蓄水位 1646.00m 时，上游调压室处引水隧洞中心线内水压力最大静水头为 75.7m；隧洞首端中心线内水静压力最小，为 22.1m。引水隧洞水体惯性巨大。

1.2.2　上游调压室

　　上游调压室位于各引水隧洞末端，共设 4 座。1 号、2 号调压室与 3 号、4 号调压室分别两两平行布置，调压室竖井中心线与下游侧地下厂房水平距离一般为 300～350m，调压室底部与厂房机组安装高程之间垂直高差约 250m。上游调压室采用差动式竖井加扩大上室型式，竖井底部三维结构示意图见图 1.2－4。从下往上依次由调压室底部上游渐变段、底部分岔段、阻抗板、事故闸门槽、大井井筒、上室、高程 1680.00m 检修平台、空间排架以及高程 1696.50m 启闭机平台组成（图 1.2－5）。4 个调压室沿纵向对应布置 4 个上室，沿横向布置共用上室，中间用隔墩分开，隔墩上部连通。单个调压室布置 1 台启闭机、2 扇闸门，闸门后设通气孔。上游调压室总高度约为 139.3m，顶拱最大跨度 30m，竖井开挖直径 23m，大井衬后直径 21m，考虑衬砌、门槽混凝土结构

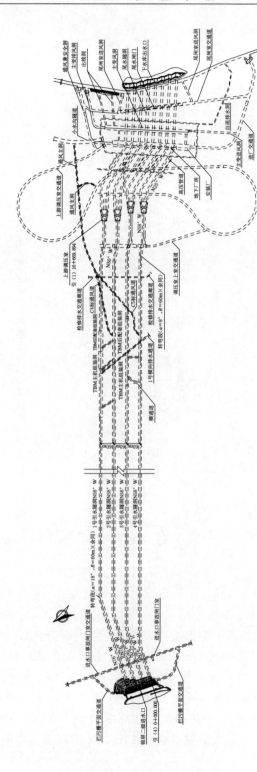

图 1.2-1 锦屏二级水电站枢纽平面布置图

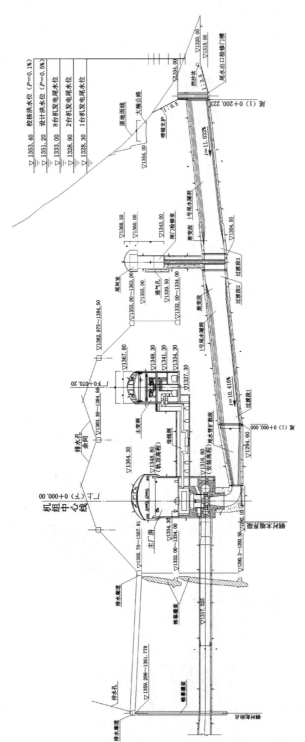

图 1.2-2　锦屏二级水电站厂房纵剖面图（单位：m）

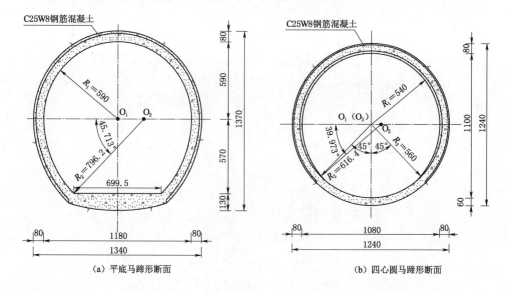

（a）平底马蹄形断面　　　　　　　　（b）四心圆马蹄形断面

图 1.2-3　引水隧洞断面图（单位：cm）

后，大井加升管净断面面积约为
415.63m²。锦屏二级水电站采用了
创新结构型式的差动式调压室，与传
统差动式阻抗孔口设置在升管底部不
同，升管底部的闸门槽和大井底板上
4 个阻抗孔口都可以反射压力钢管传
来的水击波，首先升管主要起反射水
击波作用，其次大井通过底板的阻抗
孔口再一次反射水击波，这样的结构
型式规避了水锤压力穿透到上游引水
隧洞和加速水体衰减，最大程度发挥
了调压室兼具改善引水隧洞水击压力
及提高机组供电品质的双重功能。

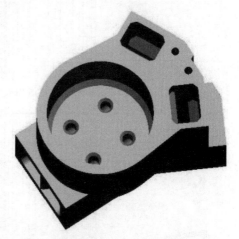

图 1.2-4　竖井底部三维结构示意图

1.2.3　压力管道

　　压力管道共 8 条，采用竖井式布置，单管单机供水方式，由上平段、上弯
段、竖井段、下弯段及下平段组成。压力管道起始点位于上游调压室底部的分
岔点，平面上压力管道上平段分岔点转弯后平行布置，洞轴线方位角为 N58°W，

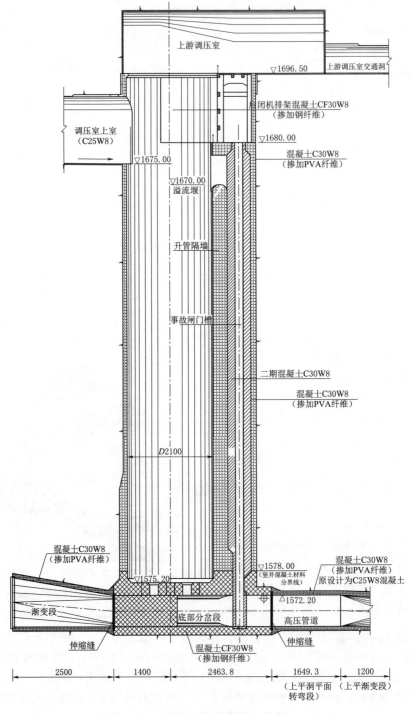

图 1.2-5 上游调压室纵剖图（单位：cm）

1～4 号压力管道在下平洞段平面转弯成轴线方位为 N25°W 后入厂，5～8 号高压管道直接由高压竖井转成轴线方位为 N25°W 入厂，平面上压力管道入厂角度均为 60°。8 条压力管道的长度一般为 540～584m，相邻压力管道轴线间距为 26.8～30.0m。压力管道采用钢筋混凝土衬砌和钢板衬砌两种型式。上平段渐变段往上游方向与调压室连接段采用钢筋混凝土衬砌结构型

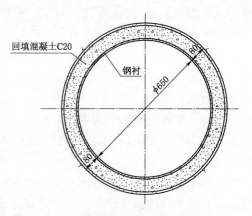

图 1.2-6 压力管道断面图（单位：cm）

式，内径 7.5m，衬砌厚度 1.0m，该部位往下游压力管道全长采取钢板衬砌，内径 6.5m，外包混凝土衬砌厚度 0.8～1.1m，见图 1.2-6。下平段钢衬在进厂前渐变至 6.05m 直径，与机组蜗壳延伸段相接。

压力管道的钢衬外排水措施主要有排水廊道、排水孔、钢管岩壁外排水和贴壁外排水等。排水廊道共上、下两层，环绕高压竖井呈矩形断面布置，上层排水廊道从厂区 6 号施工支洞出发通过交通廊道相连，总长约 754m，高程范围 1453.749～1450.00m；下层排水廊道在厂房第 2 层排水廊道的基础上延长形成，总长约 1150m，高程范围为 1363.5～1359.298m。排水廊道断面为城门洞形，横断面开挖尺寸 3.0m×3.2m（宽×高）。下层排水廊道顶拱往上分部位布置深浅排水孔。

1.3 输水发电系统布置调整历程

该工程可行性研究阶段 4 条引水隧洞均采用钻爆法施工，开挖洞径 13.0m。为了尽量缩短隧洞施工工期，加快工程进度，初步考虑在 II 类围岩、地应力相对不高的隧洞段采用喷锚支护作为永久衬护，该类洞段每个隧洞累计长度约 5km。引水隧洞钢筋混凝土衬砌段洞径为 11.8m，流速为 4.11m/s；喷锚支护段洞径为 12.6m，流速为 3.77m/s。引水隧洞末端各布置一座阻抗上室式调压室，调压室大井形状为圆形。调压室竖井内径为 25m，考虑事故闸门井结构后净面积为 385.04m²。大井底板高程为 1574.20m，上室底板高程为 1675.00m，沿引水隧洞方向布置，长约 160m。4 条引水隧洞在调压室底部通过 "Y" 形岔管分岔成 8 条压力管道。压力管道长度为 583.979～540.767m，上平段、竖井段、上下弯段、下平洞段首部采用钢筋混凝土衬砌，断面为圆

形，内径为 7.5m，流速为 5.26m/s。下平段中后部采用钢板衬砌，断面为圆形，长度分别一般为 90~160m，内径为 6.5m，流速为 7.0m/s。

在招标、技施阶段，根据实际开挖的地质条件，针对输水发电系统进行了若干较为重大的设计变更，进行了动态的设计工作。相应的调整主要体现在以下几个方面：

（1）引水隧洞衬砌方式调整：招标阶段，东端 1 号、3 号引水隧洞中部确定采用 TBM 开挖，TBM 开挖洞段选用圆形衬砌断面，开挖洞径为 12.4m，衬后过流断面洞径为 11.2m。技施阶段，随着引水隧洞的掘进开挖，地质条件日渐清晰明朗。现场实际情况及原型观测、物探检测表明，虽然隧洞整体稳定性较好，但沿线地质条件较复杂，受高地应力作用影响，围岩开挖后较大范围洞壁围岩呈现高应力条件下的松弛、破损现象，且松弛滞后效应明显。为确保引水隧洞结构的长期运行安全，降低长、大引水隧洞放空检修的概率，经研究决定引水隧洞全洞采用全断面钢筋混凝土衬砌结构型式，即相对可行性研究阶段，每条引水隧洞衬砌长度增加约 5km。

（2）调压室型式调整：技施阶段，鉴于引水隧洞特长、流量大、流速较高，若采用原设计阻抗＋扩大上室式调压室则存在涌波幅值衰减率小、水位波动持续时间长、机组运行限制条件相对较多、增至满负荷时间较长等不足。为了适应特长引水隧洞由于不同隧洞段衬砌型式调整而引起洞壁糙率的可能变化，提高该电站运行的灵活性和供电品质，提升该电站在电网中的竞争力，经综合分析论证，将上游调压室型式调整为巨型差动式调压室。

（3）压力管道衬砌形式调整：技施阶段，压力管道在开挖过程中陆续揭露大小不一的岩溶现象，压力管道区在溶蚀宽缝或溶蚀裂隙发育部位局部洞段存在较高的内水外渗风险。为确保高压管道长期运行安全，除上平段水平转弯段和上平段渐变段仍采用钢筋混凝土衬砌以外，其余部位衬砌型式由原设计的钢筋混凝土衬砌＋下平段局部钢板衬砌修改为全长钢板衬砌。

（4）机组参数微调：工程进入实施阶段后，机组制造厂家在前期工作基础上对转轮进行了适当改型，机组参数有所调整。

该电站输水发电系统先后多次设计调整，历时较长，一方面给输水发电系统水力过渡过程研究提出了很大的挑战，另一方面也要求加大对超长大容量输水发电系统水力过渡过程设计和研究的投入，全面深入地掌握超长大容量输水发电系统水力过渡过程关键技术，为工程的顺利投产发电保驾护航。

1.4 输水发电系统水力瞬变与调控技术研究内容与成果

基于锦屏二级水电站隧洞长、流量大、机组容量大等特点，输水发电系统水力瞬变与调控技术是工程设计和运行管理中的关键技术难题。华东院通过对该工程的设计研究和实践探索，攻关了相关的核心技术难题，掌握了特大输水发电系统的设计、试验、安装、调试和运行调控等技术和规律，开发了具有自主知识产权的输水发电系统水力瞬变与调控通用化仿真计算软件，以期推动我国特大输水发电系统的水力瞬变和调控理论研究及技术进步，同时也为后续类似工程提供技术支撑和指导，重点研究内容与成果如下。

（1）建立了特大输水发电系统的水力瞬变与调控研究体系。以华东院设计目标为主导，通过与国内外高等院校和科研单位合作，从多个方向研究特大输水发电系统的水力瞬变特性和数值分析方法，研究了输水发电系统水力特性的物理模型试验方法和原型观测方法。通过理论分析、物理模型试验和原型观测，掌握了特大输水发电系统的水力瞬变特性。研制出高精度的具有自主知识产权的复杂水道系统水力机械一体化水力过渡过程数值仿真软件，为特大输水发电系统的水力瞬变与调控技术研究提供了有效的技术工具，也为设计具有特大输水发电系统的水电站提供了技术支撑。

（2）系统研究了特大输水发电系统水力－机械动态特性和以差动式调压室为核心的调控技术。对不同型式的调压室的适用性开展了研究，获取了适用于特大输水发电系统的技术先进的调压室型式，并对复杂结构的差动式调压室开展专题研究，获得了水力性能优越、结构合理、技术先进的调压室结构型式；研究出科学合理的机组调节控制模式，对特大输水发电系统调节参数整定控制。

（3）基于能量相消原理，首次提出了水力-机械-电网协同工作的"时间窗口"智能调控技术。针对水力瞬变过程、机组负荷调节、电网调度协同运行的能量相消机理开展研究，建立了阻抗式调压室水位波动快速衰减的智能调控系统，并对包含巨型差动式调压室、高水头大容量机组、直流输电电网的联合原型测试和调节控制开展研究，得到了缩短电站运行工况转换时机组调度间隔时间、达到机组运行灵活性的运行调度方法。

第2章 水力瞬变与调控技术理论和仿真计算方法

2.1 输水发电系统的组成

水电站输水发电系统习惯上也称为引水发电系统，该系统包括与发电有关的水工建筑物、机械设备和电网设备，见图2.1-1。水工建筑物指引水隧洞、压力管道、尾水隧洞、调压室、闸门井以及上下游水库等。机械设备指水轮发电机组，具体为水轮机、发电机、调速器和进水主阀或筒式阀。电网设备指与机组有电力联系的设备，主要指励磁调节器和负荷，如果更进一步需要研究电力系统的瞬变，电网设备还应包括变压器、线路以及与研究对象电站有负荷联系的其他电站，不过从满足工程应用精度的前提下，电网设备主要是电阻性质的负荷和励磁设备。因此，水电站输水发电系统是一个庞大的系统，从水轮机调节系统的观点来看，输水发电系统包括了调节对象和调节器，其中除水轮机调速器和励磁调节器外，其他都可归于调节对象。输水发电系统的水力瞬变过程也称水力过渡过程，从引起系统参数发生变化的扰动数值大小以及系统的表现特征来分，系统瞬变过程又可分为大波动水力瞬变过程和小波动水力瞬变过程，其中大波动水力瞬变过程需考虑组成系统的元件的非线性特性，而小波动水力瞬变过程允许采用线性化的元件特性。

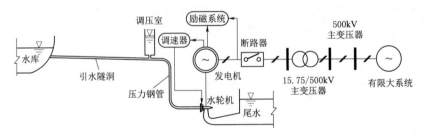

图2.1-1 输水发电系统组成示意图

从上述输水系统的组成可以看出，对输水发电系统的研究既可以仅仅研究涉及水力的元素，也可以同时研究涉及机械和电气的元素。需要根据研究任务分析主要矛盾和要解决的主要问题进一步划分，将研究范围局限于某一特定对象，例如：如果仅仅研究调压室的涌波水位甚至可以忽略机组和调速器，如果需要研究系统小波动，则除需要研究水力元素系统外，还需要研究机械和控制系统的元素以及电力系统的元素。本章分别介绍组成输水发电系统各元素在水力瞬变过程中的基本理论和计算模型。

2.2 水力瞬变理论和数值仿真计算方法

2.2.1 水力瞬变流方程和数值计算原理

水电站输水发电系统既可能涉及有压流，也可能涉及明流，对于锦屏二级水电站工程，输水发电系统仅为有压流，因此后续主要介绍有压瞬变流的相关理论，有关明流水力瞬变的理论可参考相关文献资料。

有压流的基本方程如下：

$$运动方程：g\frac{\partial H}{\partial x}+V\frac{\partial V}{\partial x}+\frac{\partial V}{\partial t}+\frac{fV|V|}{2D}=0 \qquad (2.2-1)$$

$$连续方程：\frac{\partial H}{\partial t}+V\frac{\partial H}{\partial x}-V\sin\alpha+\frac{a^2}{g}\frac{\partial V}{\partial x}=0 \qquad (2.2-2)$$

也可以用流量 Q 表示运动方程和连续方程，由于 $V=Q/A$，则运动方程和连续方程分别为

$$gA^2\frac{\partial H}{\partial x}+Q\frac{\partial Q}{\partial x}+A\frac{\partial Q}{\partial t}+\frac{fQ|Q|}{2D}=0 \qquad (2.2-3)$$

$$\frac{\partial H}{\partial t}+\frac{Q}{A}\frac{\partial H}{\partial x}-\frac{Q}{A}\sin\alpha+\frac{a^2}{gA}\frac{\partial Q}{\partial x}=0 \qquad (2.2-4)$$

式中：H 为测压管水头；D 为管道直径；A 为管路断面面积；V 为管路中平均流速；g 为重力加速度；a 为水击波速；x 为距离；t 为间；f 为沿程水力损失系数；α 为管轴倾角。

方程式（2.2-3）、式（2.2-4）就是有压管道弹性水锤模型的基本方程，为一组偏微分方程组，在学术界也被称为波动方程组或双曲偏微分方程组。该方程组很难获得解析解，在 20 世纪 60 年代之前，基于水击简化方程得出的图解法在管道水击计算中用得很多。但随着计算机数值解法的普及，图解法很快被淘汰。数值计算法已经被证明是求解水击基本方程的正确途径，其中特征线法（MOC）因其简单性、程序实现的容易性及其所获得解的准确性而得到学术界与工程应用界的青睐，因而广泛应用。

2.2.2 特征线法

特征线法的基本原理就是将很难求解的偏微分方程沿着特征线方向变成常微分方程，然后对常微分方程沿特征线进行积分，得出方便仿真计算的特征线

方程。

水力瞬变计算要求给出管道各个节点处压力和流速（流量）随时间的变

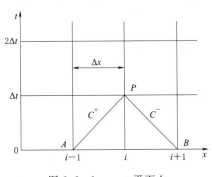

图 2.2-1　x-t 平面上
的特征线网格

化，因此，可以把长度为 L 的管道分成 N 段，每一段的长度为 $\Delta x = L/N$。时间也分成若干段，取时间步长满足 $\Delta t = \Delta x/a$，这样可以在 x-t 平面上绘出矩形网格，见图 2.2-1。矩形网格的对角线就是特征线，AP、BP 分别是正、负特征线。

将基本方程进行数学变换，得到两个相容性方程，对相容性方程分别沿正负特征线积分，并且摩擦阻力项采用一阶积分近似公式，令 $B = a/(gA)$，$R = f\Delta x/(2gDA^2)$，得到如下两个特征方程：

$$C^+ : H_P = C_P - BQ_P \qquad (2.2-5)$$

$$C^- : H_P = C_M + BQ_P \qquad (2.2-6)$$

其中

$$C_P = H_A + BQ_A - R|Q_A|Q_A \qquad (2.2-7)$$

$$C_M = H_B - BQ_B + R|Q_B|Q_B \qquad (2.2-8)$$

可以看出：对于给定的管道，B 和 R 为常数，C_P、C_M 分别由 A 点、B 点的参数确定。

由式（2.2-5）和式（2.2-6）可以得出求解管道中间节点断面压力和流量的公式：

$$H_P = \frac{C_P + C_M}{2} \qquad (2.2-9)$$

$$Q_P = \frac{C_P - C_M}{2B} \qquad (2.2-10)$$

求解水力瞬变过程问题时，通常从 $t=0$ 时的定常状态开始。管道每个节点断面的 H 和 Q 在 $t=0$ 时的初始值是已知的，即式（2.2-9）和式（2.2-10）中的 C_P、C_M 是已知数，因此，可以求出 $t=\Delta t$ 时每个内部节点断面（边界节点除外）的 H_P 和 Q_P。同时，需要求出 $t=\Delta t$ 时边界节点断面的参数，对上游边界节点可以利用负特征方程和上游边界条件方程进行计算，下游边界节点可以利用正特征方程和下游边界条件方程进行计算。然后就可以接着进行 $t=2\Delta t$ 时的相应计算。以此类推，一直计算到要求的时间为止。

1. 特征线法的稳定和收敛条件

特征线法实际上是一种特殊的有限差分方法。从理论上讲，只有当有限差

分法中 Δt 和 Δx 趋近于零时，差分方程的解才能逼近原微分方程的解，也就是得到原微分方程的精确解。特征线法是根据图 2.2-2 中 $x-t$ 平面上的特征线网格逐段、逐时一步步计算得到的，而每一步的计算都存在一定的误差。如果误差因积累而不断增加，所得到的解偏离精确解就会越来越大，则该求解过程将不收敛或称不稳定。差分方程求解过程的收敛性与稳定性具有一致性，也就是说计算过程的不收敛意味着不稳定，反之亦然。

柯兰特（Courant）、奥布勒恩（O. Brien）和普肯思（Perkins）指出，要使沿特征线的差分方程计算是稳定的，则需要满足 $\dfrac{\Delta t}{\Delta x} < \dfrac{1}{a}$，这个条件意味着图 2.2-2 中通过 P 点的特征线不应落在 AB 线段以外。对于中心差分格式条件为

$$\frac{\Delta t}{\Delta x} = \frac{1}{a} \tag{2.2-11}$$

只要方程式（2.2-11）得到满足，差分格式就能得到精确的解。换句话说，有限差分方程式计算稳定或收敛的条件为

$$\frac{\Delta t}{\Delta x} \leqslant \frac{1}{a} \tag{2.2-12}$$

这个条件称为柯兰特稳定条件。

2. 带插值的特征线法

水中含有空气会使水击波速下降，如水中含 1‰ 的空气会使水击波速下降 50‰。当研究气液混合流或者管道流速 V 与水击波速 a 相比不是很小的情况时，应当考虑流速的影响，这时用前面所介绍的特征线法求解显然不合适，应采用带插值的特征线法求解。

对于更普遍的情况，R 和 S 两点不在网格点上，见图 2.2-2。

从偏微分方程数值解的理论可知，为了得到稳定的解，选择网格比 $\theta = \Delta t / \Delta x$ 时要满足柯兰特稳定条件。故该稳定条件得到满足时，两条特征线与网格的交点 R 和 S 就一定落在线段 AB 之内。这两条特征线差分方程的形式为

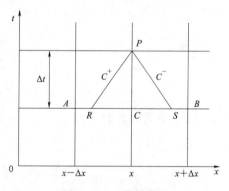

图 2.2-2 带插值的
特征线网格

$$C^+ : \quad x_C - x_R = (V_R + a_R)\Delta t \tag{2.2-13}$$

$$C^- : \quad x_C - x_S = (V_S - a_S)\Delta t \tag{2.2-14}$$

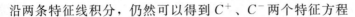

沿两条特征线积分，仍然可以得到 C^+、C^- 两个特征方程

$$\begin{cases} H_P = C_P - BQ_P \\ H_P = C_M + BQ_P \end{cases} \qquad (2.2-15)$$

只是式中的 C_P、C_M 是由 R、S 两点的参数来确定，即

$$\begin{cases} C_P = H_R + BQ_R - R_R |Q_R| Q_R \\ C_M = H_S - BQ_S + R_S |Q_S| Q_S \end{cases} \qquad (2.2-16)$$

A、B 两点的参数是已知的，问题就是如何推求出 R、S 两点的参数，再计算出 C_P、C_M 值。

利用线性插值的方法，可以建立如下关系：

$$\frac{x_C - x_R}{x_C - x_A} = \frac{Q_C - Q_R}{Q_C - Q_A} \qquad (2.2-17)$$

$$\frac{x_C - x_S}{x_C - x_A} = \frac{Q_C - Q_S}{Q_C - Q_A} \qquad (2.2-18)$$

式中：$x_C - x_A = \Delta x$。

把式 (2.2-13) 代入式 (2.2-17)，令 $\theta = \Delta t / \Delta x$、$V_R = Q_R / A$，可以解出

$$Q_R = \frac{Q_C - (Q_C - Q_A)\theta a_R}{1 + \dfrac{\theta}{A}(Q_C - Q_A)} \qquad (2.2-19)$$

同理，对于 S 点有

$$Q_S = \frac{Q_C - (Q_C - Q_B)\theta a_S}{1 - \dfrac{\theta}{A}(Q_C - Q_B)} \qquad (2.2-20)$$

式中：A 为管道截面积。

用类似的方法可以得出 H_R、H_S：

$$H_R = H_C - (H_C - H_A)\theta \frac{Q_R}{A} - (H_C - H_A)\theta a_R \qquad (2.2-21)$$

$$H_S = H_C + (H_C - H_B)\theta \frac{Q_S}{A} - (H_C - H_B)\theta a_S \qquad (2.2-22)$$

阻力系数 $R_R = f(x_C - x_R)/(2gDA^2)$，把式 (2.2-17) 代入得出

$$R_R = \frac{f}{2gDA^2} \frac{Q_C - Q_R}{Q_C - Q_A} \Delta x \qquad (2.2-23)$$

同理，S 点上有

$$R_S = \frac{f}{2gDA^2} \frac{Q_C - Q_S}{Q_C - Q_B} \Delta x \qquad (2.2-24)$$

由上述公式可知，并不需要事先求出 x_R 和 x_S，就可以解出 R、S 两点的参数。

3. 插值误差

为了分析插值引起的误差，可考虑一种最简单的情况，即用由一根简单管和阀门组成的系统，以末端阀门瞬时关闭且不考虑阻力损失的情况来对压力波的传播进行分析。网格比 $\theta = \frac{\Delta t}{\Delta x} = 0.5$。图 2.2-3（a）中，不插值时，压力波经过 $4\Delta t$ 时间由管子末端 B 传到另一端 D。若采用插值计算（按 50% 极限插值，即 $\theta = 0.5$），则 50% 的压力波被人为地带到 S 点开始传播，在 $t = \Delta t$ 时压力波到达 U 点。由于插值，25% 的压力波被人为地带到 W 点开始传播，在 $t = 2\Delta t$ 时压力波到达 Y 点。这说明原始波的 25% 比实际时间提前了一半时间到达。波传到以后向回反射，从而使水击压力衰减，这就是插值的误差。图 2.2-3（b）中插值与图 2.2-3（a）中插值不同之处在于管道的分段数增加了 1 倍，即由 2 变为 4。这时同样是 50% 的压力波被人为地带到 S 点开始传播，在 $t = \Delta t$ 时压力波到达 C 点，同样由于插值，25% 的压力波被人为地带到 E 点开始传播。如此继续插值，最终经过 $t = 4\Delta t$ 时力波到达另一端 Y 点。波仍然是比实际时间提前了一半时间到达，但只有原始波的 6.25% 提前到达，这使插值误差大大减小了。由此可见，增加管道的分段数可减小插值误差，这一方法是美国教授怀利（Wylie）和英国教授瓦底（Vardy）所建议的。需要注意，插值方法的使用与波形有关，在波形比较平缓时采用高阶插值公式也能得到满意的结果；而对于波形比较陡的水击波采用高阶插值公式会引起计算的不稳定，因此不宜采用。

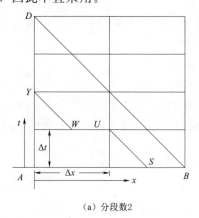

（a）分段数2

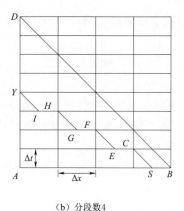

（b）分段数4

图 2.2-3　插值误差比较

2.2.3　结构矩阵法

2.2.3.1　结构矩阵法的基本概念与特点

设有一个钢架结构的某一部分有三条钢梁且有一共同节点，见图 2.2 - 4，假定每根梁的向外推力 F 为力的正方向，而向内拉的力为负方向，钢架结构处于平衡状态而且本节点未受外力作用，于是三条梁对节点的作用力满足：

$$\sum_{i=1}^{3} F_i = 0 \qquad (2.2-25)$$

同时，如果钢架在受力后发生了变形，并造成本节点发生位移 s，那么这三根梁与该节点相连的三个端点的位移 s_1，s_2，s_3 满足：

$$s_1 = s_2 = s_3 = s \qquad (2.2-26)$$

与此对应，三个有压流元素交汇节点处元素的流量（图 2.2 - 5）与端点水头满足：

$$\sum_{i=1}^{3} Q_i = 0 \qquad (2.2-27)$$

$$H_1 = H_2 = H_3 = H \qquad (2.2-28)$$

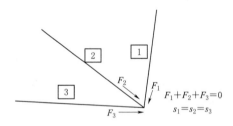
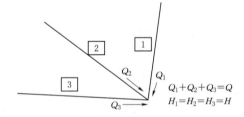

图 2.2 - 4　钢架结构在节点处力　　　图 2.2 - 5　有压流元素交汇节点处流量
　　　与位移变量示意图　　　　　　　　与端点水头变量示意图

当一个框架结构所有节点都无外力作用时，如果式（2.2 - 29）成立：

$$[K]S = 0 \qquad (2.2-29)$$

当有外力作用时，式（2.2 - 30）成立：

$$[K]S = F \qquad (2.2-30)$$

式中：S 为节点位移数组（array），在线性代数中也常被称为向量（vector）。F、0 分别为节点外力向量和节点零外力向量，而矩阵 $[K]$ 则为该框架结构的刚性矩阵。

在复杂电路分析中也有类似的算法表达式：

$$[Y]V = I \qquad (2.2-31)$$

式中：V 为节点电压向量；I 为节点输入电流向量；$[Y]$ 为导纳矩阵。

所谓导纳矩阵就是矩阵中的每一项都是导纳（一个电学量），其值为电阻

抗的倒数 $y=1/z$。同样，对于一个复杂的水道系统，也可以找到类似的矩阵方程表达式，将其作为系统的数值计算模型：

$$[E]H=Q+C \tag{2.2-32}$$

式中：H 为节点水头向量；Q 为节点输入流量向量；C 为与系统非线性有关的补充向量；$[E]$ 为系统结构矩阵。

系统结构矩阵是由系统中的各个元素按一定规律构建而成，其构建步骤见图 2.2-6。其中最为关键的是元素矩阵的建立。

结构矩阵法的一个很大的优点是稳态计算与动态计算模型构建过程的流程基本上是一样的，唯一的区别是某些元素的元素矩阵在稳态计算与动态计算中是不一样的。具有不同稳态与动态元素矩阵的元素有：有压管道元素，明渠流元素，明满交替流元素。在动态计算中，这几种元素流量发生变化时，其端点水头差变化量 ΔH 分为两部分：

$$\Delta H=\Delta H_s+\Delta H_d \tag{2.2-33}$$

式中：ΔH_s 为静态水头分量；ΔH_d 为动态分量，其实就是水击分量（有压管流时）或涌波水位分量（明流时）。

```
┌─────────────────┐
│  原复杂的物理系统  │
└─────────────────┘
         ↓
┌─────────────────┐
│   分解为简单的元素  │
└─────────────────┘
         ↓
┌─────────────────┐
│ 建立表达元素数学模型的│
│     元素矩阵      │
└─────────────────┘
         ↓
┌─────────────────┐
│   用元素矩阵构建   │
│    全系统矩阵     │
└─────────────────┘
```

图 2.2-6 结构矩阵法构建系统模型的基本步骤

其他种类的元素，例如节流孔、各种阀门、闸门、水轮机等元素中的水体惯量在动态计算中是可以忽略的，因此，这些元素的元素矩阵没有动态与静态的区别。

2.2.3.2 常见元素的元素矩阵

前一小节中已经强调了结构矩阵法中建立元素矩阵的重要性，这一小节里将用不同的方式具体介绍几个最常用的元素矩阵。除了上一小节介绍的那些特点之外，元素矩阵还具有以下特点：

（1）元素矩阵的维数与其端点数相同。例如管道有两个端点，它的元素矩阵就是一个 2×2 的矩阵。普通调压室只有一个端点，它的元素矩阵就是一个 1×1 的矩阵。一个三联调压室的元素矩阵是一个 3×3 的矩阵等。

（2）所有元素的元素矩阵都是对称矩阵。结构矩阵法与其他所有方法的一个重要不同之处就是元素流量方向的定义。假定系统中一个任意的两端点元素编号为 m，两端分别与节点相连，该元素两端的流量 $Q_{m,i}$ 和 $Q_{m,j}$ 正方向都是流出元素而流向所联节点，图 2.2-7 中。

图 2.2-7 双端点元素的流量正方向都是流出元素

对于一个双端元素，元素矩阵就是要把端点的 4 个状态变量联系起来。

1. 管道恒定流的元素矩阵

管道恒定流的元素矩阵方程用于系统稳态计算，采用图 2.2－7 中变量的脚标，得到：

$$H_i - H_j = h_{ij} = \beta Q_j |Q_j| \tag{2.2-34}$$

如果 $Q_j > 0$，式（2.2－34）可写为

$$h_{ij} = \beta Q_j^2 \tag{2.2-35}$$

这是一个二次非线性方程。对于任意一个起始平衡点（h_{0ij}，Q_{0j}），必满足 $h_{0ij} = \beta Q_{0j}^2$。对于该平衡点附近的另一个任意状态点（h_{ij}，Q_j）的牛顿线性迭代逼近式为

$$h_{ij} = h_{0ij} + \left. \frac{dh_{ij}}{dQ_j} \right|_0 (Q_j - Q_{0j}) \tag{2.2-36}$$

$$h_{ij} = h_{0ij} + 2\beta Q_{0j}(Q_j - Q_{0j}) \tag{2.2-37}$$

类似以上步骤，当 $Q_j > 0$ 时可得

$$h_{ij} = h_{0ij} - 2\beta Q_{0j}(Q_j - Q_{0j}) \tag{2.2-38}$$

将式（2.2－37）和式（2.2－38）写成一个与符号无关的表达式：

$$h_{ij} = h_{0ij} + 2\beta |Q_{0j}|(Q_j - Q_{0j}) \tag{2.2-39}$$

根据水力阻抗定义式，该元素起始平衡点（h_{0ij}，Q_{0j}）的水力阻抗为

$$Z_0 = \left. \frac{dh_{ij}}{dQ_j} \right|_0 = 2\beta |Q_{0j}| \tag{2.2-40}$$

$$h_{ij} = h_{0ij} + Z_0(Q_j - Q_{0j}) \tag{2.2-41}$$

结合式（2.2－40）、式（2.2－41）和式（2.2－32）并注意到 $Q_i = -Q_j$，不难写出管道元素恒定流条件下的元素矩阵方程：

$$\begin{bmatrix} -\dfrac{1}{Z_0} & \dfrac{1}{Z_0} \\[2mm] \dfrac{1}{Z_0} & -\dfrac{1}{Z_0} \end{bmatrix} \begin{bmatrix} H_i \\ H_j \end{bmatrix} = \begin{bmatrix} Q_i \\ Q_j \end{bmatrix} + \begin{bmatrix} -Q_{i0} - \dfrac{h_{0ij}}{Z_0} \\[2mm] -Q_{j0} + \dfrac{h_{0ij}}{Z_0} \end{bmatrix} \tag{2.2-42}$$

由式（2.2－32）可知，$h_{0ij} = \beta Q_{0j}|Q_{0j}|$。

2. 管道瞬态流元素矩阵

由图 2.2－7 可以看出，元素矩阵方程只涉及该元素端点（也就是元素边界）的 4 个状态变量。不妨假定图 2.2－7 中元素的 i 端为上游端，根据弹性水击基本方程式（2.2－30）和式（2.2－31）推出的特征线方程组式（2.3－16）和式（2.3－17），并注意到 Q_i 与原式中的 Q_p 符号相反，写出 i、j 两端的边界特征方程：

$$Q_i = -C_n - \frac{1}{Z_c}H_i \tag{2.2-43}$$

$$Q_j = C_m - \frac{1}{Z_c} H_j \qquad (2.2-44)$$

式中：$Z_c = \dfrac{a}{gA}$ 为管道特征阻抗。

$$C_n = Q_B - \frac{gA}{a} H_B - R\Delta x Q_B |Q_B| \qquad (2.2-45)$$

$$C_m = Q_A + \frac{gA}{a} H_A - R\Delta x Q_A |Q_A| \qquad (2.2-46)$$

$$R = \frac{f}{2DA} \qquad (2.2-47)$$

A、B 点见图 2.2-8。当计算进行到时间 t 时，变量 Q_B、H_B、Q_A 和 H_A 均为上一个时间步 $t-\Delta t$ 时的值，所以都是已知的。

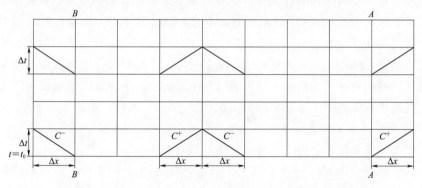

图 2.2-8　管道两端边界的正负特征线及 A 和 B 分割点

由式（2.2-43）和式（2.2-44）可写出管道元素瞬态流矩阵方程：

$$\begin{bmatrix} \dfrac{-1}{Z_c} & 0 \\ 0 & \dfrac{-1}{Z_c} \end{bmatrix} \begin{bmatrix} H_i \\ H_j \end{bmatrix} = \begin{bmatrix} Q_i \\ Q_j \end{bmatrix} + \begin{bmatrix} \dfrac{C_n}{Z_c} \\ \dfrac{C_p}{Z_c} \end{bmatrix} \qquad (2.2-48)$$

这是一个对角线矩阵。也就是说这其实是两个完全独立方程的组合，两端的状态变量在任意一个特定的时间点并无耦合关系。管道是一个场元素，场元素的去耦作用能大大加快大系统瞬态过程的计算。

3. 阻抗元素的元素矩阵

阻抗元素（图 2.2-9）是包括节流孔、部分开启的各个阀门和闸门、局部水头损失点等一类元素的总称。这类元素内部不存在水击因素，或者小到可以忽略，所以其元素矩阵不存在静态与瞬态的区别。

除了少数特别阀门，其两端水头差方程为

$$H_i - H_j = h_{ij} = k Q_j |Q_j| \qquad (2.2-49)$$

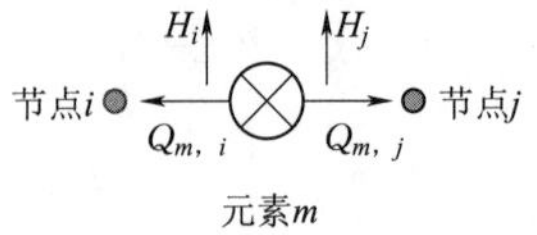

图 2.2 - 9　一般阻抗元素及其边界状态变量

$$\begin{bmatrix} \dfrac{-1}{Z_0} & \dfrac{1}{Z_0} \\ \dfrac{1}{Z_0} & \dfrac{-1}{Z_0} \end{bmatrix} \begin{bmatrix} H_i \\ H_j \end{bmatrix} = \begin{bmatrix} Q_i \\ Q_j \end{bmatrix} + \begin{bmatrix} -Q_{i0} - \dfrac{h_{0ij}}{Z_0} \\ -Q_{j0} + \dfrac{h_{0ij}}{Z_0} \end{bmatrix} \qquad (2.2 - 50)$$

式中：$Z_0 = \dfrac{\mathrm{d}h_{ij}}{\mathrm{d}Q_j}\bigg|_0 = 2k|Q_{0j}|$，$h_{0ij} = kQ_{0j}|Q_{0j}|$。

所以对于任何一种阻抗元素，只要知道了 k 值，元素矩阵方程就知道了。

需要注意的是，当 Q_{0j} 或 k 的值为零时，会出现 $Z_0 = 0$ 而发生除以零的情况，所以在计算中要用一个很小的量 $Z_0 = \varepsilon$ 代替。只要 ε 足够小，并不会影响到计算精度。ε 取值并非越小越好，因为在迭代计算的过程中节点水头总是有一定变化跳动的，某元素的水力阻抗 Z_0 值越小，该元素中的流量变化随节点水头的变化程度就越大。在实际的工程计算中，Z_0 取值一般不宜小于 $1.0\mathrm{e}^{-8}$。

4. 复杂调压室元素矩阵

复杂调压室指的是以下几种情况下的调压室。

（1）细高型调压室。除了高水头的电站调压井、电站水工结构中的闸门井、通气孔等，在数值模型中一般都是用调压井来模拟的。这类细井内的水体在运行中的惯性是不可以忽略的，井壁对运动中水体的摩阻也是不应被忽略的。具体见图 2.2 - 10（a）。

（2）调压斜井。在挪威（其他北欧国家中也有较多的使用），高水头电站中的不衬砌调压斜井在调压室设计中占据统治地位。调压斜井的坡度多为 17%～12%，横断面为水平断面的 1/6～1/8。不但横断面很小，井中心线长度一般是井高度的 6～8 倍，总长达数百米的不在少数，是典型的细长调压井。加上不衬砌设计，井内水体的惯性和井壁对水体的摩阻都是绝不可以忽略的。具体见图 2.2 - 10（b）。

（3）溪流进水口。在引水隧道沿程将山间溪流引入以增加水量在欧洲是一种常见的设计。溪流进水口在水力过渡过程计算数值模拟中一般也是可用调压室元素的，一种有进水的调压斜井。很多这种进水口在上涌波水位过程中由进水变为出水（溢流）。

（4）调压室水平面面积 A_s 随高程多次大幅变化。

假如某复杂调压室沿中心线可分为 n 段，每段中心线长 L_i，中心线垂直

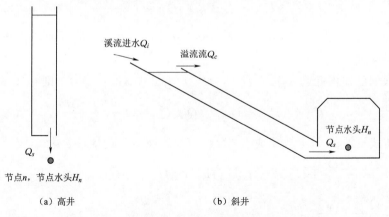

（a）高井　　　　　　　　　　（b）斜井

图 2.2 - 10　复杂调压室元素中的高井和斜井示意图

横断面积为 A_i，每段的水头损失系数为 β_i，可用以下方程组描述。

连续方程：

$$\frac{\mathrm{d}V_s}{\mathrm{d}t} + Q_s - Q_i + Q_c = 0 \qquad (2.2-51)$$

运动方程：

$$\sum_{i=1}^{n} \frac{L_i}{gA_i} \frac{\mathrm{d}Q_s}{\mathrm{d}t} + H_m - H_L + \left(k_s + \sum_{i=1}^{n} \beta_i\right) Q_s \mid Q_s \mid = 0 \quad (2.2-52)$$

式中：V_s 为调压室内蓄水体积；Q_s 为调压室下部出流流量；Q_i 为调压室上部溪流进流；Q_c 为调压室上部溢流堰流量；H_m 为调压室底部与水道相连节点处水头；H_L 为调压室水面高程；k_s 为阻抗孔阻抗系数。

令 $I = \sum_{i=1}^{n} \dfrac{L_i}{gA_i}$ 为调压室内水体总惯量，是一个变量，且是水位的函数，

$k = \left(k_s + \sum_{i=1}^{n} \beta_i\right)$ 为调压室内总摩阻系数，也是水位的函数。

运动方程可简化为

$$I \frac{\mathrm{d}Q_s}{\mathrm{d}t} + H_m - H_L + kQ_s \mid Q_s \mid = 0 \qquad (2.2-53)$$

将式（2.2-53）中的微分项用差分逼近，时间增量 Δt 与计算的时间步长相同，并用 $Q_s(t-\Delta t)$ 表示上一个时间步的 Q_s 值。

运动方程可简化为

$$I \frac{Q_s - Q_s(t-\Delta t)}{\Delta t} + H_m - H_L + kQ_s \mid Q_s \mid = 0 \qquad (2.2-54)$$

可写为

21

$$I\frac{Q_s}{\Delta t}+H_m-H_L+kQ_s\,|Q_s|=I\frac{Q_s(t-\Delta t)}{\Delta t} \qquad (2.2-55)$$

式（2.2-25）右边为上一时间步的已知值，在本时间点的迭代计算中可以作为常数。

假如已知相近点（Q_{0s}，H_{0m}，H_{0L}）满足式（2.2-55），则

$$I\frac{Q_{0s}}{\Delta t}+H_{0m}-H_{0L}+kQ_{0s}\,|Q_{0s}|=I\frac{Q_s(t-\Delta t)}{\Delta t} \qquad (2.2-56)$$

将式（2.2-56）表示成点（Q_{0s}，H_{0m}，H_{0L}）的增量表达：

$$I\frac{Q_{0s}+\Delta Q_s}{\Delta t}+H_{0m}+\Delta H_m-(H_{0L}+\Delta H_L)+k(Q_{0s}+\Delta Q_s\,|Q_{0s}+\Delta Q_s)\,|$$
$$=I\frac{Q_s(t-\Delta t)}{\Delta t}$$

$$(2.2-57)$$

式（2.2-56）与式（2.2-57）等号两端之差为

$$I\frac{\Delta Q_s}{\Delta t}+\Delta H_m-\Delta H_L+kQ_{0s}+2k\Delta Q_s\,|Q_{0s}|=0 \qquad (2.2-58)$$

如果本时刻的调压室溢流 $Q_c=0$，水面面积为 A_s 于是有：

$$H_L=H_L(t-\Delta t)-\Delta t\frac{0.5[Q_s(t-\Delta t)+Q_s]+Q_c}{A_s} \qquad (2.2-59)$$

$$H_{0L}=H_L(t-\Delta t)-\Delta t\frac{0.5[Q_s(t-\Delta t)+Q_{0s}]+Q_c}{A_s} \qquad (2.2-60)$$

合并式（2.2-59）和式（2.2-60）得：$\Delta H_L=-\Delta t\dfrac{0.5Q_s}{A_s}$，将其代入式（2.2-60），整理后得

$$\frac{\Delta H_m}{\Delta Q_s}=-\frac{I}{\Delta t}-\frac{0.5\Delta t}{A_s}-2k\,|Q_{0s}| \qquad (2.2-61)$$

根据单端点元素水力阻抗定义式及其流量正方向的定义可知，复杂调压室的水力阻抗为

$$Z_0=\frac{I}{\Delta t}+\frac{\Delta t}{2A_s}+2k\,|Q_{0s}| \qquad (2.2-62)$$

与简单调压室相比，这个复杂调压室的水力阻抗项中多出了一个水体惯量影响项 $\dfrac{I}{\Delta t}+\dfrac{\Delta t}{2A_s}$。同时，水头损失系数 k 中包括了井壁对调压室中水体的摩阻。

由方程式（2.2-59）、式（2.2-60）和式（2.2-61）可写出复杂调压室的元素矩阵方程：

$$\left[-\frac{1}{Z_0}\right]H_m = Q_s + \left(-Q_{0s} + \frac{k|Q_{0s}|Q_{0s} - H_{L+h_a}}{Z_0}\right) \quad (2.2-63)$$

式中：h_a 为井中水击效应，$h_a = I\dfrac{Q_{s0} - Q_s(t-\Delta t)}{\Delta t}$。

5. 水轮机元素矩阵

设水轮机的某一已知状态点水头和流量分别用 H_0 和 Q_0 表示，则可以用牛顿一次逼近法与该已知状态点相近的另一状态点 H 和 Q 用以下方程联系起来：

$$H = H_0 + \frac{\mathrm{d}H}{\mathrm{d}Q}(Q - Q_0) \quad (2.2-64)$$

将水轮机水力阻抗定义式代入式（2.2-64）可得

$$H = H_0 + Z_0(Q - Q_0)$$
$$(2.2-65)$$

式中：Z_0 为水头 H_0、流量 Q_0 时的水轮机水力阻抗。

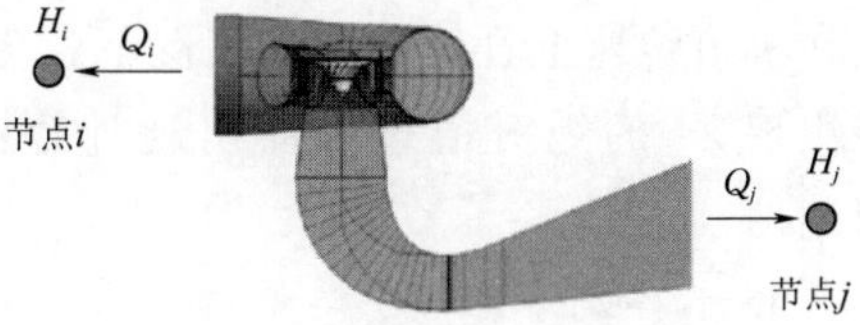

图 2.2-11　水轮机端点状态变量
及流量方向

水轮机也是一个两端点元素，结构矩阵法的端点状态变量及流量方向见图 2.2-11，式（2.2-65）因此可写为

$$H_i - H_j = H_0 + Z_0(Q_j - Q_{0j}) \quad (2.2-66)$$

或者：

$$\frac{1}{Z_0}(H_i - H_j) = Q_j + \frac{1}{Z_0}H_0 - Q_{0j} \quad (2.2-67)$$

由于 $Q_i = -Q_j$，因此也有：$\dfrac{1}{Z_0}(-H_i + H_j) = Q_i - \dfrac{1}{Z_0}H_0 - Q_{0i}$

将式（2.2-66）、式（2.2-67）写成矩阵形式，即得水轮机元素矩阵方程表达式：

$$\begin{bmatrix} \dfrac{-1}{Z_0} & \dfrac{1}{Z_0} \\ \dfrac{1}{Z_0} & \dfrac{-1}{Z_0} \end{bmatrix}\begin{bmatrix} H_i \\ H_j \end{bmatrix} = \begin{bmatrix} Q_i \\ Q_j \end{bmatrix} + \begin{bmatrix} -\dfrac{1}{Z_0}H_0 - Q_{0i} \\ \dfrac{1}{Z_0}H_0 - Q_{0j} \end{bmatrix} \quad (2.2-68)$$

和其他元素矩阵方程一样，水力阻抗也是这个元素矩阵方程中最主要的参数。对于一个特定的时间点 t，导叶开度总是一定的，所以 Q_0 也可以认为是 H_0 的函数，或者说是 H_0 的因变量 $Q_0(H_0)$。因此，在实际的水力过渡过程计算分析中，如果转速不变（例如稳态运行），一般可以认为水轮机的水力阻抗 Z_0 仅为水头的函数 $Z_0(H_0)$。当然也可以反过来，将水头作为流量的函数

$H_0(Q_0)$，水力阻抗 Z_0 仅为流量的函数 $Z_0(Q_0)$。但在过渡过程工况中，转速也是变量。水轮机的水力阻抗是由水轮机特性曲线决定的，这些曲线实际上会随转速变化而变化，所以水力阻抗不但可以表达为流量和转速的函数 $Z_0(Q_0, N)$，也可以表达为水头和转速的函数 $Z_0(H_0, N)$。

对于混流式水轮机而言，只要水头与转速在正常范围内变化，其水力阻抗总是大于零的。

冲击式水轮机的水力特性实际上就相当于喷嘴水力特性，其水力阻抗与针式阀门无异，与机组转速无关，当然不会出现水力阻抗趋向于零的情况。

如果水力阻抗真的趋向于零甚至变为负值，机组的运行就进入了不稳定区，这正是水泵水轮机机组在运行和甩负荷工况下都有可能发生的情况，特别是在机组转速上升的甩负荷工况下，为了防止水泵水轮机机组在数值计算过程中出现 Z_0 的绝对值过小而出现计算溢出错误，有必要对 Z_0 的绝对值予以限制。

6. 水库元素矩阵

水库在除了结构矩阵法的其他任何一种方法中都是作为系统边界条件来处理的。然而在结构矩阵法中所有的系统边界都可以被当作一个元素来处理。这么做的好处是系统的边界节点变成了系统的内节点。当把进出水库的水头损失也考虑在内时，水库的元素矩阵与简单调压室在形式上是一样的，不同的是水位 H_L 不再是一个需要计算决定的变量，而是一个输入的给定值。

$$\left[-\frac{1}{Z_0}\right]H_n = Q_R + \left(-Q_{0R} + \frac{k|Q_{0R}|Q_{0R} - H_L}{Z_0}\right) \qquad (2.2-69)$$

式中：Z_0 为水库水力阻抗；k 为水库进出流水头损失系数；Q_R 为水库出流流量；Q_{0R} 为上次迭代计算中已算出的水库出流流量；H_L 为水库水位；H_n 为水库水位节点水头。

显然，水库也是一个单端点元素。

2.2.3.3　系统矩阵的构建

系统矩阵的构建是结构矩阵法建模的最后一步。有了系统中各种元素的元素矩阵，系统矩阵的构建其实是一件很容易的事。对系统中所有节点按从 1 开始进行自然数编号。同时，也需要对系统中所有元素按从 1 开始进行自然数编号。按这个编号构建成之后的系统矩阵具有以下特点：

（1）系统矩阵的维数与这个系统的节点数相同。例如一个系统有 n 个节点，那么这个系统的系统矩阵就必定是一个 $n \times n$ 的矩阵。该特点与第 8 章中介绍的分析频率域结构矩阵法是不一样的。

（2）与元素矩阵类似，系统矩阵也是一个关于主对角线对称的矩阵。系统构成后的一般形式为式（2.2-32），但如果系统所有的边界点，都用边界元素表示，例如水库元素，那么这个边界点就变成了一个内点。如果一个系统中只有内点，那么根据内点流量和为零原理，$Q=0$，流量向量消失，式（2.2-32）就变成：

$$[E]H=C \qquad (2.2-70)$$

2.2.3.4 系统矩阵方程求解过程

系统矩阵方程式的建立很简单，而求解过程却不是仅仅求解系统矩阵方程那么简单。求解一个线性矩阵方程的现成子程序很多，随便调用一个就可得出解来。但结构矩阵法构建的系统矩阵方程式只是原本很难求解的非线性方程组的小偏差前提下的线性逼近而已，因此，要获得原非线性系统真正的解，需要通过迭代计算一步步逼近。

系统矩阵中的非零元素都是来自系统中各元素的元素矩阵，而所有元素矩阵中的元都与这个元素的水力阻抗有关。而水力阻抗并不是常数，而是流经该元素流量或者该元素两端水头差的函数。换句话说，结构矩阵法中的系统矩阵方程只是在形式上是线性的，当矩阵中的元素不是常数而是要求解的节点水头向量$\vec{H}$和元素流量的函数时，其本质就不再是线性的了。事实上不光是结构矩阵法，在计算数学中，非线性系统通过线性化过程迭代求解是一种十分常用的方法。结构矩阵法的一个重要特点就是稳态计算流程与瞬态计算流程十分相似。

2.3 水力瞬变流计算目的和模型选择

2.3.1 输水发电系统水力瞬变流研究目的

水电站运行时不可避免会发生运行状态改变，有时还因电力线路原因或机组自身机械原因等发生故障。水电机组运行工况的改变或发生事故都会引起输水发电系统流量发生变化，从而在输水发电系统中产生水力瞬变过程现象，这个水力过渡过程包括水力、机械和电气三个方面。所谓水力过渡过程，就是系统从一种稳定状态变为另一种稳定状态时，系统的状态转换不是在一瞬间就能完成的，总需要一个过程，这个过程称为水力瞬变过程。对于严重的水力瞬变过程，例如机组甩负荷故障关机，输水系统中会产生较大的水击压力，机组转速也会升高，调压室水位也会出现较高值，并且波动会持续一段时间。有些带有明流渠道或溢流设施的引水系统，还会发生明渠涌波和溢流等现象。极端情况下，引水系统中的瞬变流会对输水设施和机组造成破坏，国内外都曾发生过因水力瞬变引起的重大安全事故，有的发生调压室坍塌，有的发生压力钢管爆裂，还有的因机组转速过高诱发强力振动。据资料文献记载，1950 年日本的阿格瓦水电站由于错误操作蝶阀发生直接水击，造成压力钢管爆破。1955 年希腊的莱昂水电站由于闸门瞬间关闭，水击波冲毁了厂房和闸门室。1971 年云南以礼河三级水电站在特高水压力作用下发生了严重的钢管破坏事故。1994 年广西天生桥二级水电站由于甩负荷试验控制不当，发生了水击和涌波叠加现象，导致差动式调压室的升管坍塌。福建古田二级水电站也曾发生过由于水击压力而使调压室闸门上抬被卡在门槽中的事故。有些轴流转桨式机组水力过渡过程中可能发生反向水推力大于转动部件自重的抬机现象。苏联的卡霍夫卡、那洛夫和恰尔达林水电站因甩负荷控制规律的问题，都发生过反水锤抬机现象，导致水轮机、励磁机等损坏。叙利亚的迪什林水电站因抬机问题导致转轮叶片多处出现裂纹。1965 年我国的江口水电站由于导叶关闭动作不当，水力过渡过程中发生抬机，导致励磁机和推力镜板损坏。1974 年长湖水电站由于调速器发生故障，机组自动甩负荷发生反水锤，导致转子抬高、尾水管中的检修水管弯头被扭断。还有白鱼潭、回龙寨、拉浪、富春江、西津、富水等水电站也发生过因抬机现象影响安全运行的事件。即使是电站运行中的日常负荷调整，也涉及输水发电系统的稳定性和运行安全，因此对输水发电系统开展科学研究是十分必要的，也是具有现实意义的，特别是对于具有超长输水隧洞和复杂结构调压室的锦屏二级水电站，开展输水发电系统瞬变流和调控技术研究更是工程设计和运行的关键。

常见输水发电系统瞬变流研究内容一般分为如下几个方面：

（1）研究输水发电系统布置和调压室的型式的合理性。有些水电站输水发电系统在可行性研究阶段结合厂房位置布置，系统研究首部开发、中部开发和尾部开发方案，这些不同开发方案涉及调压室的位置和型式，以及不同开发方案的调压室结构尺寸，比较引水隧洞的直径等。对于锦屏二级水电站，隧洞超长、流量巨大、机组单机容量大，调压室的型式比选和结构尺寸是设计关注的重要内容之一，关系到工程运行安全和电站的投资，这是水力瞬变流研究的重要内容之一。

（2）研究输水发电系统大波动水力瞬变。分析该电站机组甩负荷的各种可能性，研究机组关机规律和关闭时间，确定该电站调节保证设计要求，为机组蜗壳和压力钢管结构设计提供数据支撑。

（3）研究输水发电系统小波动稳定性。对于具有长隧洞引水的水电站，输水发电系统小波动稳定性分析是瞬变流研究的另一重要内容，通过仿真模拟计算研究，为水轮机调速器参数整定以及电站运行等提供技术数据。

（4）研究对水力瞬变过程的调节控制。包括机组增负荷的方式和增负荷的大小，不同机组开机间隔时间以及合理利用"时间窗口"，缩短机组操作时间，方便电站运行管理。对于机组间的水力干扰进行研究，提出工程措施和评价。

（5）其他与瞬变流有关的工程设计问题。根据电站不同的特点，提出瞬变流研究需要解决的特殊工程问题，如采用变顶高尾水隧洞、以调压阀取代调压井、轴流式机组水推力变化、可逆机组工况限制、闸门或机组进水主阀控制、有压流和无压流的衔接等。

锦屏二级水电站工程，根据不同设计阶段的方案调整情况，从预可行性研究、可行性研究工程到技施设计的各个阶段，均对输水发电系统水力瞬变流研究提出了具体的研究要求，因此，集中了国内外顶尖的水力瞬变流研究科研机构来共同攻克特大输水发电系统水力瞬变和调控关键技术。

2.3.2 大波动和小波动计算模型选择

根据引起水电站输水发电系统过渡过程的扰动大小，习惯上将瞬变流研究分为大波动和小波动。所谓的大波动，就是指扰动量较大，如发生机组甩负荷、故障停机、开机或增加较大规模负荷等，这里指的大小波动和扰动量大小只是一个相对的概念。国内外还没有统一的衡量小波动负荷变化量的标准，通过锦屏二级水电站工程的研究实践，可以将机组负荷变化量不超过额定负荷的5％作为小扰动范畴。

2.3.2.1 大波动系统模型

根据研究的不同目的和要求，既可以选择较简单的输水系统大波动瞬变流计算模型，也可以选择较复杂的输水发电系统大波动瞬变流计算模型。如果研究的主要内容仅涉及调压室的涌波水位变化过程，不涉及输水隧洞的水击压力和机组控制，即系统不包含发电机组环节，那么可以选择直接求解输水隧洞的运动方程和调压室的连续方程，这个模型就是大波动系统模型，这两个方程如下：

运动方程

$$\frac{\mathrm{d}Q}{\mathrm{d}t} = (H_R - Z - KQ_S|Q_S| - RQ|Q|)gA/L = f_2(t, Z, Q) \quad (2.3-1)$$

连续方程

$$\frac{\mathrm{d}Z}{\mathrm{d}t} = (Q - Q_T)/F = f_1(t, Z, Q) \quad (2.3-2)$$

式中：Q 为隧洞的流量；Q_T 为压力管道中进入水轮机的流量；F 为调压室的截面积；Z 为调压室水位；H_R 为上游水库水位；K 为调压室阻抗水头损失系数；Q_S 为进出调压室的流量，以进入调压室时为正；R 为隧洞的沿程损失和局部损失系数；g 为重力加速度；A 为隧洞的截面积；L 为隧洞的长度。

可以采用直接数值积分法求解上述方程，得到调压室的水位波动过程和引水隧洞流量变化过程，计算从已知初始状态的流量开始，最常用的就是采用四阶龙格-库塔数值积分法求解。

上述集中系统模型对于求解调压室水位既快捷又方便，仅需水轮机的流量变化规律，便可求解出调压室的水位波动过程，但是这个模型不能计算水击压力，也就不能用于电站调节保证计算研究。需要注意的是，选用上述模型应按照《水电站调压室设计规范》（NB/T 35021—2014）中有关糙率取值要求计算调压室最高涌波水位和最低涌波水位。

2.3.2.2　大波动分布系统模型

对于大波动瞬变流计算模型，通常需要考虑构成系统各环节或单元的非线性特征，其模型要能反映系统大波动过渡过程的物理本质。如果大波动研究的问题涉及输水管道的水锤压力和机组调节控制，则应选用包含水锤压力波传播过程的大波动瞬变流计算模型，也就是采用 2.2.1 节中的式（2.2-1）和式（2.2-2）来代替式（2.3-1），本质上这些方程是一致的，都反映了有压输水管道中的水流运行规律。采用式（2.2-1）和式（2.2-2）再加上其他边界条件方程的瞬变流计算模型也可称之为分布系统模型，这样的模型用于大波动过渡过程计算，可以考虑水轮机流量和力矩的非线性特征和转速等因素，特别适用于水电站调节保证计算分析，这也是国内外输水发电系统瞬变流研究最常采用的计算模型，其中调压室、机组和调速器各环节的数学模型将在下一节详细介绍。

2.3.2.3　小波动计算模型选择

相对大波动而言，小波动计算模型既可以选择考虑了系统元件非线性特征的大波动模型来计算，只是负荷变化量幅值较小而已，也可以选择线性化的专门小波动计算模型。所谓线性化，就是当系统的瞬变参数仅局限在初始工况附近，可以将水轮机和调压室等环节的非线性方程线性化，甚至不考虑弹性水锤模型，而采用刚性水锤模型，这样得到整个系统的一组线性化微分方程组，从而求解各个参数的瞬变过程。水电站调压室托马稳定断面积公式就是线性化理论推导得到的。因此小波动计算模型的选择就有多个方案，可以对输水系统采用弹性水锤模型，而对水轮机特性采用传递系数表达的线性化方程，也可以将输水系统采用刚性水锤模型，再与线性化的水轮机特性结合，加上调速器的传递函数或方程，这就是整个输水发电系统的线性化小波动计算模型。

2.4　水力瞬变计算模型

2.4.1　调压室的设置和数学模型

调压室的数学模型是与其结构特点有关的，对于压力水道较长的水电站可以采用设置调压室的方法，减小 $\sum LV$，从而减小 T_w 值，对改善大、小扰动的调节性能都有明显的效果。调压室的型式和断面以及孔口阻尼对高压管道水击压力及系统调节的稳定性都有很大影响，对其结构和参数需作技术和经济比较。

2.4.1.1 调压室的设置

1. 调压室类型

常规水电站上游调压室是指设置在引水隧洞和压力管道连接处的建筑物，按照人们的习惯，设在地面以上的称为调压塔，设在地面以下的称为调压室。

具有较长压力引水系统的水电站在负荷变化时，输水管道内将发生水击现象。水道越长，水击压力值将越大。当水道长度 $L \geqslant aT_s/2$（a 称为水击波速，T_s 为导叶关闭时间）时，将发生直接水击现象，此时水击压力将达到很大数值。如在引水道的末端设一调压室，因调压室底部布置有一定面积的阻抗孔，井筒内具有一面积较大的自由水面，可将压力管道中的水击波从自由水面反射回去。类似地，丢弃负荷时在长尾水道内也会产生水击，引起尾水道内的压力下降，所以也要设置调压室。在设了调压室以后，就等于将压力引水系统或尾水系统分为两部分，在调压室上游的压力引水道或尾水调压室下游侧的尾水洞，基本上避免了水击压力的影响，降低了管道中的水锤值。同时，设置调压室也有效改善了机组的运行条件，有利于水轮机调节系统的稳定性。所以调压室的功用可归纳为：部分或全部地阻断水锤波的传播；减小机组两侧压力管道中的水锤值；改善机组运行条件并在一定意义上改善小扰动的稳定性。

根据调压室与厂房相对位置的不同，主要有以下基本布置方式：

（1）上游调压室（引水调压室）。调压室布置在厂房上游的引水道上，适用于上游有较长有压引水道的情况，是应用最为广泛的一种，见图 2.4 - 1（a）。

（2）下游调压室（尾水调压室）。当厂房下游尾水道较长时，需设置尾水调压室。在水电站丢弃负荷后，机组流量减少，尾水调压室可以向尾水道补水，以防止丢弃负荷时产生过大的负水锤，因此尾水调压室也应尽可能靠近机组，见图 2.4 - 1（b）。

（3）上、下游双调压室系统。当厂房上、下游都有较长的压力引水道时，需要在上、下游均设置调压室，以减小水击压力、改善机组运行条件，见图 2.4 - 1（c）。

另外，还有在上游引水道上串联主、副两个调压室，以及并联、混联调压室等布置方式。

按调压室结构型式的不同，可分为以下几种基本形式：

（1）简单式。调压室自上而下具有相同的断面，见图 2.4 - 2（a）。该种调

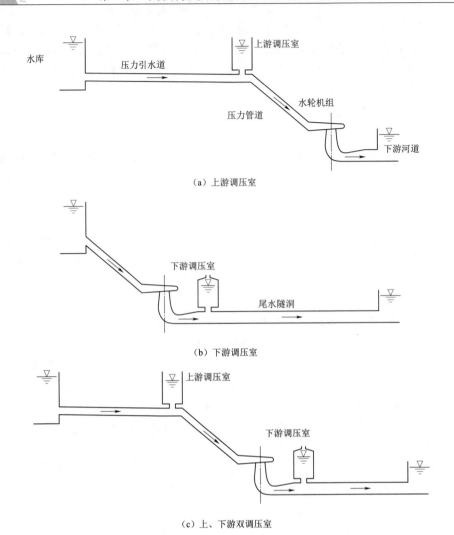

（a）上游调压室

（b）下游调压室

（c）上、下游双调压室

图 2.4-1　调压室布置的基本方式

压室结构型式简单、反射水锤波的效果好。缺点是调压室水位波动幅度大、衰减慢，水流流经调压室底部时水头损失较大。

（2）阻抗式。把简单圆筒式底部收缩成孔口或设置连接管，就成为阻抗式调压室，见图 2.4-2（b）。阻抗孔能消耗流入、流出调压室水流的部分能量，因此可以减小水位波动幅度、加快衰减，但反射水锤波的效果不如简单圆筒式。

（3）水室式。调压室竖井的断面较小，上、下分别设置一个断面较大的储水室，见图 2.4-2（c）。水位上升时，上室可以发挥蓄水作用，以限制最高涌

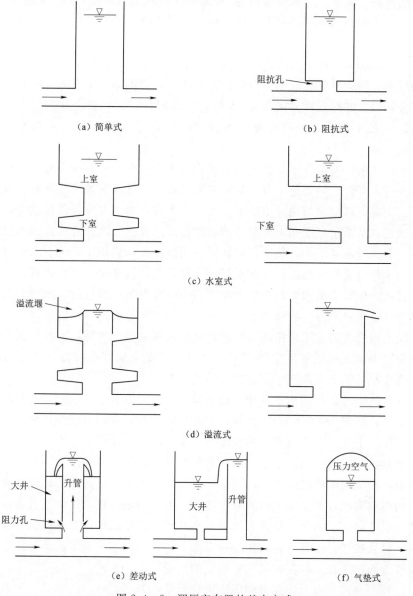

图 2.4-2 调压室布置的基本方式

波水位。水位下降至下室时，下室可以补充水量，以限制最低涌波水位。水室式调压室适用于水头较高、水位变幅较大的水电站，其上室常利用施工交通洞将靠近井筒的一段封堵来实现，需要注意的是上室长度不宜过长，有时可采用井筒两边布置的方式，以缩短单边布置时的上室长度。

（4）溢流式。在调压室顶部设有溢流堰，水位到顶自动溢流，可以限制水位继续升高，见图 2.4 - 2 (d)。溢流式调压室若增设下室，可有效限制水位下降。溢流式调压室需要考虑溢流后对山坡的冲刷防护和排水，其使用受到一定的限制。

（5）差动式。典型差动式调压室由两个直径不同的圆筒组成，中间的圆筒直径较小，称为升管，外面的圆筒称为大井。升管顶部设溢流堰，底部设阻力孔，分别与大井相通，见图 2.4 - 2 (e) 中左图。目前，在实际工程中，一般利用紧靠大井下游的闸门井兼作为升管，其顶部溢流堰与大井相通，见图 2.4 - 2 (e) 中右图。

差动式调压室综合了阻抗式和溢流式的优点。机组丢弃负荷时，引水道内的水先进入升管，并快速上升至顶部向大井溢水，可以实现快速反射水击波的作用。同时，部分水流通过下部阻力孔流入大井，由于大井断面面积大，水位上升缓慢，从而可以限制大井水位波动的幅度。升管、大井经过几次水位重复波动，水位差逐渐减小，最终稳定在同一水位。差动式调压室反射水击波的效果好、水位稳定快，断面尺寸相对较小，缺点是结构复杂，造价较高。

自从天生桥二级水电站发生差动式调压室升管坍塌事故后，国内大型水电工程中极少再采用差动式调压室，甚至到了避之不及的地步，但是锦屏二级水电站的工程特点决定了采用创新结构差动式调压室的合理性，为此华东院开展了大量的差动式调压室科学研究工作，为工程安全稳定运行提供了有力的支撑，也证明了差动式调压室水力性能的优越性。

（6）气垫式。把调压室设计为密闭洞室，下部为水体，水面以上空间充满压力空气，见图 2.4 - 2 (f)。当调压室水位波动时，利用空气的压缩、膨胀作用，可以减小调压室水位涨落的幅度。气垫式调压室适用于高水头、引水道深埋的水电站，对地质条件要求较高，为防止气室漏气，常采用沿气室周围布置水幕或直接全钢板内衬的方式。气垫式调压室布置灵活，避免了建造常规调压室时的山坡明挖，节省了上山的施工道路，对于山坡植被的保护是有益的。我国已经成功建造了多个气垫式调压室，在其水力过渡过程计算方面也有成熟的经验，但是在气室温升变化模拟过程以及节约运行成本和引水系统充放水等运行操作方面，还有一些需要进一步研究的问题。

（7）组合式。将上述几种调压室组合布置，如带上室的阻抗式、带上室的差动式、阻抗式和差动式组合等。虽然锦屏二级水电站的调压室型式习惯上也称之为差动式，这是根据其主要水力学表现特征来命名的，其型式和原理与传统差动式调压室是不一样的，应该是阻抗式和差动式的组合，同时又带有水室式调压室的上室。传统差动式调压室的阻抗孔口布置在升管底部，而锦屏二级差动式的 4 个阻抗孔口布置在大井底板上，并且 2 个升管布置在大井下游侧井筒外，兼做闸门井，2 个升管与大井底板上的阻抗孔口之间还有一段距离，从严格意义来讲,这样的差动式调压室也可以看成是由2个升管和大井共3个阻抗式调压室组成的组合型式,过去也有学者称其为阻抗差动式,类似的结构型式还有太平驿水电站差动式和鲁布革水电站的差动式调压室,但是它们之间又有一些不同之处。在瞬变流水力模型计算上,传统差动式和阻抗差动式调压室可以有不同的数学模型,正因如此,锦屏二级水电站的调压室型式才具备了创新性。

2. 调压室设置的基本原则

调压室往往是体积大、施工困难、造价高的建筑物,其造价在整个引水系统造价中可能占有相当大的比例,必须综合考虑。是否设置调压室,应进行引水系统与水轮发电机组的调节保证计算和分析,同时考虑水电站在电力系统中的作用、地形及地质条件、压力管道的布置等因素,进行技术经济比较。在设置调压室以后,要使水锤波在调压室得到合理反射的同时尽量减小调压室的尺寸,使得调压室型式、尺寸设计合理。在确定水电站引水系统布置之前,可以根据规范近似地判断,以确定是否需要设置调压室,然后再进行数值仿真计算,最后详细确定方案。

我国《水电站调压室设计规范》(NB/T 35021—2014)建议按以下条件,作为初步判别是否需要设置调压室的依据。

(1)基于水道特性的初步判别条件。

1)设置上游调压室的条件,可按式(2.4-1)和式(2.4-2)作初步判别。

$$T_w > [T_w] \qquad (2.4-1)$$

$$T_w = \frac{\sum L_i V_i}{g H_P} \qquad (2.4-2)$$

式中:T_w 为压力管道中水流惯性时间常数,s;L_i 为压力管道及蜗壳各段的长度,m;V_i 为各管段内相应的平均流速,m/s;g 为重力加速度,m/s²;H_P 为设计水头,m;$[T_w]$ 为 T_w 的允许值。

$[T_w]$ 的取值随电站在电力系统中的作用而异,一般取2~4s。当水电站作孤立运行,或机组容量在电力系统中所占的比重超过50%时,宜用小值;当比重小于10%~20%时可取大值。

处在设置调压室临界状态的水电站,应采用数值仿真水力过渡过程计算,进一步论证是否需要设置调压室。

2)设置下游调压室的条件,以尾水管内不产生液柱分离为前提。

常规水电站满足式(2.4-3)时应设置下游调压室。

$$\sum L_{wi} > \frac{5 T_S}{V_{wo}} \left(8 - \frac{\nabla}{900} - \frac{V_{wj}^2}{2g} - H_S \right) \qquad (2.4-3)$$

式中：L_{wi} 为压力尾水道及尾水管各段的长度，m；T_S 为水轮机导叶有效关闭时间，s；V_{w0} 为稳定运行时压力尾水道中的平均流速，m/s；V_{wj} 为水轮机转轮后尾水管入口处的平均流速，m/s；H_S 为水轮机吸出高度，m；∇ 为机组安装高程，m。

抽水蓄能电站可按式（2.4-4）作初步判别。

$$T_{ws} = \frac{\sum L_{wi} V_i}{g(-H_s)} \tag{2.4-4}$$

式中：T_{ws} 为压力尾水道及尾水管的水流惯性时间常数，s；V_i 为压力尾水道及尾水管各段的平均流速，m/s。

$T_{ws} \leqslant 4s$ 可不设下游调压室，$T_{ws} \geqslant 6s$ 应设置下游调压室，$4s < T_{ws} < 6s$ 应详细研究设置下游调压室的必要性。

最终通过水力过渡过程计算验证，考虑涡流引起的压力下降与计算误差等不利影响后，尾水管进口处的最大真空度不大于 8m 水柱，可不设下游调压室。大容量机组宜适当增加安全裕度。高海拔地区应按式（2.4-5）作高程修正：

$$H_v \leqslant 8 - \frac{\nabla}{900} \tag{2.4-5}$$

式中：H_v 为尾水管进口处的最大真空度（水柱），m。

（2）基于机组特性的初步判别条件。水电站运行稳定性与水流惯性时间常数 T_{w1}、机组加速时间常数 T_a 等密切相关，不设置上游调压室的初步判别条件应满足式（2.4-6）的规定：

$$T_{w1} \leqslant -\sqrt{\frac{9}{64}T_a^2 - \frac{7}{5}T_a + \frac{784}{25}} + \frac{3}{8}T_a + \frac{24}{5} \tag{2.4-6}$$

$$T_a = GD^2 n_r^2 / (365 P_r) \tag{2.4-7}$$

式中：T_{w1} 为上、下游自由水面间压力水道中水流惯性时间常数，s；T_a 为机组加速时间常数，s；GD^2 为机组的转动惯量，t·m^2 或 kg·m^2；n_r 为机组的额定转速，r/min；P_r 为机组的额定出力，kW 或 W。

水流惯性时间常数 T_{w1} 应按式（2.4-2）计算，其中 L_i、V_i 分别为压力管道、蜗壳、尾水管及尾水延伸管道各段的长度及平均流速。

不满足式（2.4-6）时，可按图 2.4-3 调速性能关系图进行初步判别：处在①区时，可不设上游调压室；处在③区时，应设置上游调压室；处在②区时，应详细研究设置上游调压室的必要性。

关于水流惯性时间常数和机组惯性时间常数的意义，从量纲上分析：T_w 的量纲是时间。由于 $T_w = \rho L V_0 / (\gamma H_0)$，分子为管中水流单位面积的动量，分母是压强。因此，T_w 的物理意义就是：在水头 H_0 作用下，当不计水头损

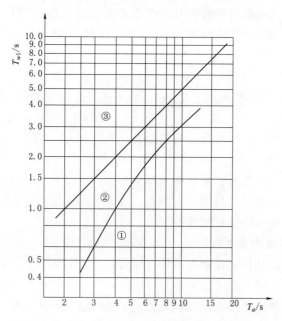

图 2.4 - 3 T_{w1}、T_a 与调速性能关系图

失时,管道内水流从静止加速到 V_0 所需要的时间。

水流惯性时间常数 T_w 的实际意义为:①T_w 越大表明水流惯性越大,在同样条件下水锤压力的相对值也愈大,对水轮发电机组调节过程的影响也就越大。从降低水锤压力的观点来看 T_w 越小越好;②T_w 值可以作为初步判断是否需要设置调压室的重要参数;③水锤常数 $\sigma = LV_0/(gH_0 T_S)$ 与 T_w 存在着如下的关系:$\sigma = T_w/T_S$,T_S 为导叶关闭时间。因此,σ 是水流加速时间常数的相对值。

机组加速时间常数 T_a 也称为机组惯性时间常数。从量纲上分析:T_a 的量纲是时间。T_a 的物理意义:在水轮机动力矩 M_0 的作用下,使机组转速从零加速到额定转速 n_r 所需要的时间。

T_a 的实际意义:①T_a 反映了机组旋转体的惯性,T_a 越大,惯性越大;②T_a 越大,机组转速变化率就越小,从减小转速变化的角度来看,T_a 越大对调节保证越有利。T_a 值也可以作为初步判断是否需要设置调压室的重要参数;③增大机组的转动惯量 GD^2,可以提高 T_a,但会增加机组制造成本;④立式水轮发电机组的 T_a 为 6~11s;灯泡贯流式机组的 T_a 较小,为 1.5~3s。

综合以上可以看出:T_w 和 T_a 都是分析水电站水力过渡过程的重要指标,各自反映水流和机组的一个方面。可以把两者综合起来考虑,令:$t_{aw} = T_a/T_w$,称 t_{aw} 为加速时间比。显然加速时间比越大对机组稳定越有利。

另外，根据《水轮机电液调节系统及装置技术规程》（DL/T 563—2016）的有关规定，无调压设施时对 T_w 和 T_a 有如下要求：①对比例积分微分（PID）型调速器，水轮机引水系统的水流惯性时间常数 T_w 不大于 4s，对比例积分（PI）型调速器，T_w 不大于 2.5s；②水流惯性时间常数 T_w 与机组加速时间常数 T_a 的比值不大于 0.4；③反击式机组的 T_a 不小于 4s，冲击式机组的 T_a 不小于 2s。

国内水电站的压力引水道长度超过 300～500m 时，多数都采用了调压室；而当尾水道长度介于 150～600m 时，均不同程度地研究了取消尾水调压室方案，通常采取厂房位置向下游侧移动合理距离、增加尾水道的过流面积等措施以改善机组尾水管进口的最小内水压力，或者采用变顶高尾水洞方案取代尾水调压室方案，也能取得良好的效果。

3. 对调压室的基本要求

根据调压室的功用，在水力条件方面对调压室的基本要求包括：要充分反射水锤波，以有效控制引水道中的水锤压力，并尽量减小压力管道中的水锤压力；调压室的高度应足够大，以满足最高涌波和最低涌波对顶高程和底高程的要求；在正常运行中，调压室与引水道连接处的水头损失要小；调压室的断面应满足稳定要求，室内水位波动应尽快衰减达到新的稳定状态，满足调压室波动稳定的最小断面称为托马断面，计算式为

$$F_k = \frac{Lf}{2\alpha g H_1} \qquad (2.4-8)$$

其中
$$H_1 = H_0 - h_{w0} - 3h_{wm0} \qquad (2.4-9)$$

式中：F_k 为波动衰减的临界断面面积，即托马断面面积；L 为引水道长度；f 为引水道断面面积；α 为水头损失系数；H_0 为水电站的静水头；h_{w0} 为引水道通过流量 Q_0 时的水头损失值；h_{wm0} 为压力管道通过流量 Q_0 时的水头损失值。

2.4.1.2　调压室的数学模型

1. 水力瞬变流特征线计算方法中各类调压室的数学模型

特征线法瞬变流计算数学模型中，各种调压室都是作为整个输水发电系统中的一个节点来处理。无论是何种型式的调压室，总有与引水道相通的阻抗孔或连接管，各类调压室的数学模型都是建立在阻抗式基础上的，在此基础上衍生出各类调压室的计算模型，所以首先介绍阻抗式调压室瞬变流数学模型。

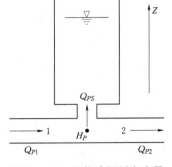

图 2.4-4　阻抗式调压室边界

图 2.4-4 中，调压室上、下游管道分别用 1、2 表示，调压室水位 Z 的基准与测压管水头基准一致。

忽略调压室内水体的惯性及摩擦阻力，可以列出：

$$Z = H_P - KQ_{PS}^2 \qquad (2.4-10)$$

式中：H_P 为调压室和管道连接点的压头；Q_{PS} 为流入调压室的流量；K 为阻抗孔的阻抗系数。K 值可以通过阻抗孔流量系数 ϕ 换算，二者关系为 $K = \dfrac{1}{2g}\left(\dfrac{1}{\phi S}\right)^2$，初步计算时 ϕ 可取 $0.6 \sim 0.8$；S 为阻抗孔断面面积。

调压室中水位与流量的关系为

$$F\frac{\mathrm{d}Z}{\mathrm{d}t} = Q_{PS} \qquad (2.4-11)$$

调压室底部流量连续方程为

$$Q_{P1} = Q_{PS} + Q_{P2} \qquad (2.4-12)$$

对调压室上、下游管道应用 C^+、C^- 方程，有

$$H_{P1} = C_{P1} - B_1 Q_{P1} \qquad (2.4-13)$$

$$H_{P2} = C_{M2} + B_2 Q_{P2} \qquad (2.4-14)$$

另外，有

$$H_P = H_{P1} = H_{P2} \qquad (2.4-15)$$

联解方程式可以求得调压室水位 Z 和流量 Q_{PS}，以及调压室和管道连接点的压头和流量。

也可以采用简化计算方法，在 Δt 时段内调压室水力参数变化较小，则式（2.4-10）和式（2.4-11）可近似表示为

$$Z \approx H_P - KQ_{PS}|Q_S| \qquad (2.4-16)$$

$$Z \approx Z_0 + \frac{Q_{PS} + Q_S}{2F}\Delta t \qquad (2.4-17)$$

式中：调压室初始流量 Q_S 取绝对值，可通用于流入、流出情况；对流入、流出条件，阻抗系数 K 应取不同值；Z_0 为调压室初始水位；F 为调压室断面面积。

由上述两式，可求出：

$$Q_{PS} = \frac{H_P - Z_0 - \dfrac{\Delta t}{2F}Q_S}{\dfrac{\Delta t}{2F} + K|Q_S|} \qquad (2.4-18)$$

结合式（2.4-15），由式（2.4-13）和式（2.4-14）解出 $Q_{P1} = (C_{P1} - H_P)/$

B_1 和 $Q_{P2} = (H_P - C_{M2})/B_2$，代入连续方程式（2.4-12），可以求解出 H_P：

$$H_P = \frac{\dfrac{C_{P1}}{B_1} + \dfrac{C_{M2}}{B_2} + \dfrac{Z_0 + \dfrac{\Delta t}{2F} Q_S}{\dfrac{\Delta t}{2F} + K|Q_S|}}{\dfrac{1}{B_1} + \dfrac{1}{B_2} + \dfrac{1}{\dfrac{\Delta t}{2F} + K|Q_S|}} \tag{2.4-19}$$

也就是说，由已知的相关初始参数，能显式解出调压室和管道连接点的压头 H_P，其他参数可相应求解。

式（2.4-19）中，令阻抗系数 K 为零，即可用于求解简单式调压室。

对水室式调压室需考虑在不同水位时，调压室断面面积 F 的变化。对溢流式调压室当水位超过堰顶高程时，可按溢流堰流量公式计算溢流量。

溢流公式为

$$Q = mb\sqrt{2g}\, H^{\frac{3}{2}} \tag{2.4-20}$$

式中：b 为溢流宽度；H 为堰上水头；m 为流量系数，与溢流堰的断面形状以及堰上水头有关。

对于差动式调压室，传统差动式与阻抗差动式的结构有差异，见图 2.4-5（a）。

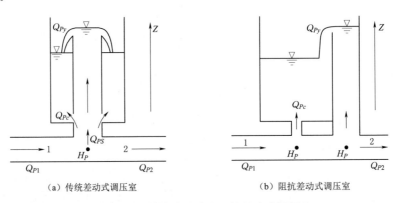

（a）传统差动式调压室　　　　　（b）阻抗差动式调压室

图 2.4-5　传统差动式和阻抗差动式调压室

调压室连续方程为

$$Q_{P1} = Q_{PS} + Q_{P2} \tag{2.4-21}$$

$$Q_{PS} = Q_{PR} + Q_{Pr} \tag{2.4-22}$$

$$Q_{PR} = Q_{Pc} + Q_{Py} \tag{2.4-23}$$

式中：Q_{PS} 为流入调压室的总流量，包括流入大井的流量 Q_{PR} 和流入升管的流量 Q_{Pr}；流入大井的流量 Q_{PR} 又包括 Q_{Pc} 和 Q_{Py}，即分别从大井（升管）底部阻抗孔、升管顶部溢流堰流入大井的流量。

经大井（升管）底部阻抗孔通过的流量，可以采用孔口出流公式计算：

$$Q_{Pc}=\begin{cases}\phi S\sqrt{2g(Z_r-Z_R)} & (Z_r\geqslant Z_R)\\ -\phi S\sqrt{2g(Z_R-Z_r)} & (Z_r<Z_R)\end{cases} \qquad (2.4-24)$$

式中：Z_R、Z_r 分别为大井、升管内的水位。

升管顶部溢流堰流量计算公式：

$$Q_{Py}=\begin{cases}0 & (Z_r\leqslant Z_y,Z_R\leqslant Z_y)\\ k_{11}B_y\sqrt{2g}(Z_r-Z_y)^{1.5} & (Z_r>Z_y,Z_R<Z_y)\\ -k_{21}B_y\sqrt{2g}(Z_R-Z_y)^{1.5} & (Z_R>Z_y,Z_r<Z_y)\\ k_{12}B_y\sqrt{2g}(Z_r-Z_R)^{1.5} & (Z_r>Z_R>Z_y)\\ -k_{22}B_y\sqrt{2g}(Z_R-Z_r)^{1.5} & (Z_R>Z_r>Z_y)\end{cases} \qquad (2.4-25)$$

式中：k_{11}、k_{21} 分别为由升管流入大井、大井流入升管时的非淹没溢流系数；k_{12}、k_{22} 分别为由升管流入大井、大井流入升管时的淹没溢流系数；B_y、Z_y 分别为升管顶部溢流堰的宽度（周长）和堰顶高。

忽略调压室内水体的惯性及摩擦阻力，且认为连接管很短、可忽略不计，即不考虑升管进口水头损失，可以列出：

$$Z_r=H_P \qquad (2.4-26)$$

调压室中大井水位与流量的关系、升管与流量的关系分别为

$$F_R\frac{dZ_R}{dt}=Q_{PR} \qquad (2.4-27)$$

$$F_r\frac{dZ_r}{dt}=Q_{Pr} \qquad (2.4-28)$$

式中：F_R、F_r 分别为大井、升管的断面面积。

同理，对调压室上、下游管道应用 C^+、C^- 方程，考虑到 $H_P=H_{P1}=H_{P2}$，有

$$Q_{P1}=(C_{P1}-H_P)/B_1 \qquad (2.4-29)$$

$$Q_{P2}=(H_P-C_{M2})/B_2 \qquad (2.4-30)$$

式（2.4-21）～式（2.4-30）共有 10 个未知量：H_P、Q_{P1}、Q_{P2}、Q_{PS}、Q_{PR}、Q_{Pr}、Q_{Pc}、Q_{Py}、Z_R、Z_r，可以联立求解出差动式调压室的边界。也可以对式（2.4-27）和式（2.4-28）用差分方程近似代替，即

$$Z_R=Z_{R0}+\frac{Q_{PR}+Q_R}{2F_R}\Delta t \qquad (2.4-31)$$

$$Z_r=Z_{r0}+\frac{Q_{Pr}+Q_r}{2F_r}\Delta t \qquad (2.4-32)$$

将式（2.4-22）、式（2.4-29）和式（2.4-30）代入式（2.4-21），可以得出：

$$Z_r = \left[\left(\frac{C_{P1}}{B_1} + \frac{C_{M2}}{B_2} \right) - (Q_{PR} + Q_{Pr}) \right] / \left(\frac{1}{B_1} + \frac{1}{B_2} \right) \qquad (2.4-33)$$

可对式（2.4-23）、式（2.4-24）、式（2.4-25）、式（2.4-31）、式（2.4-32）和式（2.4-33）采用迭代法联解求出 Q_{PR}、Q_{Pr}、Q_{Pc}、Q_{Py}、Z_R、Z_r。

对于阻抗差动式，当大井底板孔口和升管距离较短时，也可以将其作为传统差动式处理，也就是将大井与升管作为瞬变流计算的同一个节点考虑。当大井与升管距离较远时，可以将大井和升管单独作为阻抗式调压室处理，再考虑它们之间的溢流水力联系，只不过多出大井与升管之间的连接管道而已。

研究表明，阻抗差动式调压室将大井和升管单独考虑的数学模型更能反映实际情况，特别是对于像锦屏二级水电站底部分岔具有两个升管的情况，单独作为阻抗式处理可以分别计算出不同升管水位的变化情况。模型试验和原型观测资料也表明，有时两个升管水位的变化是不同步的，特别是当机组不对称运行发生过渡过程时，可能出现两个升管水位交替变化的情况。

2. 关于调压室涌波水位引水道糙率问题的探讨

由于水电站设计过程中水道的糙率是无法事前精确预测的，出于安全考虑，从《水电站调压室设计规范》（NB/T 35021—2014）对调压室可能出现最高涌波水位和最低涌波水位的隧洞糙率取值有明确的规定，通常是给出一个隧洞和压力钢管可能的糙率范围，选择偏于调压室安全的糙率数值。对于集中系统水力瞬变流计算模型，这样的糙率取值是没有问题的，因为集中系统模型不涉及机组。而对于前述分布系统瞬变流计算模型，由于考虑了水轮发电机组这个系统中的重要环节，按照这样的糙率取值却未必合适，特别是对于具有超长引水隧洞的水电站，如果按照隧洞最小糙率来计算调压室的最高涌波水位，表面上对调压室最高涌波水位是偏于安全的，实际上由于隧洞糙率较小，水轮机水头偏高，相同出力前提下机组引用流量偏小，这个偏小的引用流量抵消了最高涌波水位的部分安全性，不仅如此，根据最小糙率计算得到的机组调节保证结果可能失去真实性。因此对于具有超长引水隧洞的水电站，采用分布系统模型进行瞬变流计算，建议采用隧洞的平均糙率更加合理，此外，还需进行糙率敏感性分析。实践中锦屏二级水电站就是这样做的，取得了满意的效果。

2.4.2　机组及调速器的数学模型

水轮发电机组主要包括水轮机和发电机，对于输水发电系统的水力瞬变过程，水轮机的流量变化是引水系统发生瞬变过程的主要因素，正常运行中发电机负荷的改变是通过水轮机调速器来实现的，因此，水力瞬变流计算中机组数学模型和水轮机调速器的数学模型是重要研究内容之一。

2.4.2.1 大波动计算中的机组模型

大波动过渡过程中，尤其是电站机组甩负荷过渡过程中，水轮机的工况点变化较大，已经不能用线性化的水轮机流量和力矩方程来反映其流量和力矩的变化过程，需要将水轮机模型转轮的综合特性曲线进行数字化处理，利用原型转轮和模型转轮的相似关系得到原型水轮机的流量特性和力矩特性，从而准确计算水轮发电机组在过渡过程中的流量变化过程和转速变化过程。受到模型水轮机试验的精度和量测工作量的制约，通常水轮机制造厂仅能提供水轮机在正常运行工况范围内的特性曲线，而过渡过程计算需要用到较大单位转速范围以及导叶较小开度直到零开度的曲线，所以需要用到水轮机模型转轮的飞逸特性曲线，以方便得到较大运行范围的水轮机流量特性和力矩特性。

锦屏二级水电站水轮机模型转轮综合特性曲线见图 2.4 - 6，数字化处理后的水轮机流量特性曲线和力矩特性曲线分别见图 2.4 - 7 和图 2.4 - 8。

输水发电系统瞬变流计算模型中，水轮发电机组是作为有压管道中的一个节点来处理的，转轮上游的管道是蜗壳，转轮下游的管道是尾水管。蜗壳和尾水管都是异形管道，通常的做法是采用等动量的当量管来代替变直径的蜗壳和尾水管。

大波动瞬变流特征线计算方法中的机组模型主要方程为

$$H_{PU} = C_{P1} - B_1 Q_P \tag{2.4-34}$$

$$H_{PD} = C_{M2} + B_2 Q_P \tag{2.4-35}$$

$$H_P = H_{PU} + \frac{Q^2}{2gA_1^2} - H_{PD} - \frac{Q^2}{2gA_2^2} \tag{2.4-36}$$

$$Q = Q_1 D_1^2 \sqrt{H_P} \tag{2.4-37}$$

$$\frac{d\omega}{dt} = \frac{1}{J}(M_t - M_g) \tag{2.4-38}$$

$$M_t = M_1 D_1^3 H \eta_P / \eta_M \tag{2.4-39}$$

$$\omega = 2\pi n \tag{2.4-40}$$

式中：下标 1 和 2 分别为压力钢管和尾水管的参量；H_{PU} 为水轮机进口断面压头；H_{PD} 为水轮机出口断面压头；Q_P 为水轮机过渡状态时引用流量；M_t 为过渡状态水轮机动力矩；M_g 为发电机阻力矩；ω 为过渡状态时水轮机旋转角速度；n 为过渡状态时水轮机转速；Q_1' 为过渡状态时单位流量；J 为机组总转动惯量。

方程式（2.4 - 48）就是水轮发电机组的运行方程，通过差分该方程，结合机组前后管道的特征线相容方程，就可以求解出过渡状态中的水轮机水头

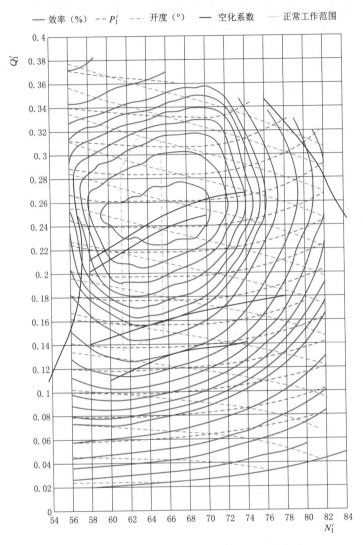

图 2.4-6　B131 水轮机模型转轮综合特性曲线

H_P 和机组转速 n 值。

2.4.2.2　小波动计算中的机组模型

　　前述对大波动和小波动的讨论中曾提到过，可以将大波动模型用于小波动计算，只不过发电机负荷变化量较小而已。不过由于大波动过渡过程中的水轮机导叶关机规律通常是给定的，或者是通过调速器计算得到的，而大波动过程中调速器的结构元件，如主配压阀行程等往往处于限制值，水轮机特性和调速器特性中的非线性因素影响较大，不利于采用数学手段和经典控制理论对复杂

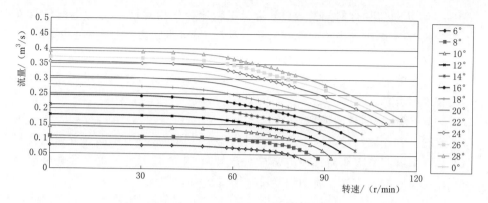

图 2.4 - 7 B131 水轮机流量特性曲线

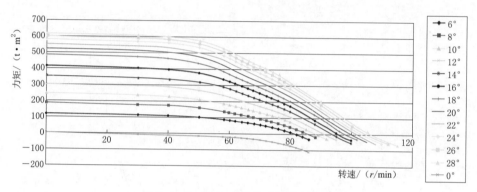

图 2.4 - 8 B131 水轮机力矩特性曲线

输水发电系统进行分析。如果所研究的工况仅限于某个特定运行工况点附近，扰动量又较小，这时完全可以采用线性化的水轮机特性来进行计算研究，这就涉及水轮发电机组的小波动数学模型。

小波动数学模型中，水轮机的力矩特性和流量特性采用如下方程：

$$m_t = e_y y + e_x x + e_h h \qquad (2.4-41)$$

$$q = e_{qy} y + e_{qx} x + e_{qh} h \qquad (2.4-42)$$

式中：e_y 为水轮机力矩对导叶开度传递系数；e_x 为水轮机力矩对转速传递系数；e_h 为水轮机力矩对水头传递系数；e_{qy} 为水轮机流量对导叶开度传递系数；e_{qx} 为水轮机流量对转速传递系数；e_{qh} 为水轮机流量对水头传递系数。

这 6 个系数与运行工况点有关，可以通过水轮机转轮模型综合特性曲线求出。

发电机和电网负荷的方程为

$$T_a \frac{\mathrm{d}x}{\mathrm{d}t} + e_n x = m_t - m_g \qquad (2.4-43)$$

式中：T_a 为机组惯性时间常数；x 为机组转速变化相对量；e_n 为电网自调节系数；m_t 为水轮机动力矩变化相对量；m_g 为发电机阻力矩变化相对量。

　　小波动计算中的输水管道既可以采用刚性水锤模型，也可以采用弹性水锤模型，有关整个输水发电系统小波动线性化的方程可以参考水轮机调节系统的相关文献和资料。

2.4.2.3　调速器的数学模型

　　水轮机调速器结构型式多样，不同的调速器其构成环节不同，方程也会有所差异，但就调节规律而言，主要有 PID 型和 PI 型两大类。水轮发电机组普遍采用微机数字调速器，典型的微机调速器结构见图 2.4-9。

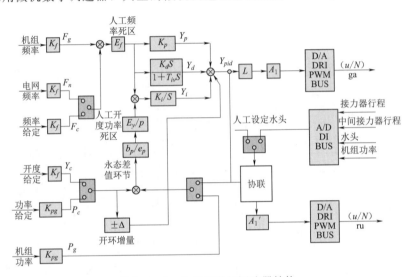

图 2.4-9　典型的微机调速器结构

　　水轮机调速器的构成环节不同，调节方程组会略有区别，但无论是何种结构型式的调速器，其控制原理和基本方程不会有大的变化，与瞬变流计算和水轮机导叶操作控制有关的主要方程如下：

主配压阀和主接力器：
$$T_y \frac{\mathrm{d}y}{\mathrm{d}t} = y_1 \qquad (2.4-44)$$

加速度环节：
$$T'_n \frac{\mathrm{d}n}{\mathrm{d}t} + n = K_n T'_n \frac{\mathrm{d}x}{\mathrm{d}t} \qquad (2.4-45)$$

暂态反馈环节：
$$T_d \frac{\mathrm{d}z}{\mathrm{d}t} + z = b_t T_d \frac{\mathrm{d}y}{\mathrm{d}t} \qquad (2.4-46)$$

式中：T_y 为主接力器时间常数；y 为主接力器行程相对偏差；y_1 为辅助接力器行程相对偏差；T'_n 为微分环节时间常数；n 为加速度环节输出相对偏差；z 为暂态反馈环节输出相对偏差；x 为机组转速相对偏差；b_t 为暂态反馈量；

T_d 为缓冲时间常数。

以上方程是串联 PID 调速器主要方程，如果是带有引导阀和辅助接力器的调速器，并且带有局部反馈，增加下列方程：

引导阀和辅助接力器：$T_{y1}\dfrac{\mathrm{d}y_1}{\mathrm{d}t}+b_\lambda y_1=c-x-n-z-b_p y-b_\lambda y_1$

$$(2.4-47)$$

式中：c 为转速给定相对偏差；T_{y1} 为辅助接力器时间常数；b_λ 为局部反馈量。

其他结构型式的调速器都可以按照其组成环节，用结构方框图或者用传递函数来表示其输出变量和出入量之间的关系，通过简化方框图，写出输出量和输入量对应的方程，这些方程构成了水轮机调速器的数学模型。

电网或发电机负荷的变化通过机组转速或频率波动得到反映，而频率或转速的变化通过水轮机调速器得到反映，调速器通过导叶开度调节水轮机流量，水轮机流量变化导致引水系统产生瞬变流。因此整个输水发电系统数学模型包含了水力的元件、机械和电气的元件，从水轮机调节系统的角度分析，输水发电系统瞬变流计算数学模型也就是水轮机调节系统的数学模型。

如果研究的着重点不在引水系统调压室以及引水隧洞瞬变流，而仅局限在水轮机调节控制方面，有时可以将高压管道的瞬变流计算简化，考虑刚性水锤，将水轮机和高压管道合并成以下方程。

$$e_{qh}T_w\frac{\mathrm{d}m_t}{\mathrm{d}t}+m_t=e_y y-e_y eT_w\frac{\mathrm{d}y}{\mathrm{d}t}-e_{qx}e_h\frac{\mathrm{d}x}{\mathrm{d}t} \qquad (2.4-48)$$

$$e=\frac{e_{qy}e_h}{e_y}-e_{qh} \qquad (2.4-49)$$

当然也可以仅考虑刚性水锤，将引水隧洞和调压室作为集中元件写出其运动方程增加到上述几个方程中，构成方便求解的输水发电系统方程组，直接求解这些方程，得到各瞬变参数随时间的变化过程。由于反映水轮机流量特性和力矩特性的几个传递系数与水轮机的运行工况点有关，它们都不是常数，所以原则上输水发电系统瞬变流计算和控制数学模型应采用弹性水锤理论的计算方法，仅将调速器作为一个控制元件参与到系统控制中，只有在分析某个工况点附近的小波动稳定性时，才会采用简化的刚性水锤模型。在水轮机调节系统数学模型研究方面，也有学者试图将发电机励磁调节方程一并加入整个系统中，从机组运行调节的研究角度看是有意义的，但是从水电站输水发电系统瞬变流计算研究角度，主要的研究目的还是输水发电系统的布置，以及极端工况等大波动过渡过程对工程的影响，尤其是甩负荷等极端工况，发生这些工况时，机组是脱离电网的，过多考虑电网的因素不仅方程数量和求解难度增加，而且也增加了模型的复杂程度，难免有舍本逐末之嫌。因此根据研究目的和需要，选

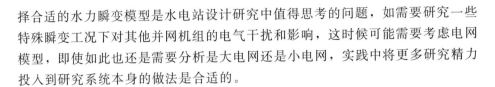

择合适的水力瞬变模型是水电站设计研究中值得思考的问题，如需要研究一些特殊瞬变工况下对其他并网机组的电气干扰和影响，这时候可能需要考虑电网模型，即使如此也还是需要分析是大电网还是小电网，实践中将更多研究精力投入到研究系统本身的做法是合适的。

2.5　水力瞬变仿真计算软件开发

2.5.1　软件开发的必要性与迫切性

近年来，华东院承接了众多拥有复杂调压室系统和各种机组机型的大型水电站工程（含抽水蓄能电站工程）的设计工作，如雅砻江锦屏二级水电站、大渡河丹巴水电站、金沙江白鹤滩水电站、浙江天荒坪抽水蓄能电站、乌干达卡鲁玛水电站等。这些众多拥有复杂调压室系统和机组型式的大型水电站工程（含抽水蓄能电站工程）的设计工作，对水力-机械瞬变流计算分析研究工作的要求高，而传统计算方法不能适应复杂特大引水发电系统，传统瞬变流计算转轮特性处理方式精确度又低，难以满足工程设计要求。因此，开发和架构先进的瞬变流分析软件平台、培育该领域国际先进技术迫在眉睫。从2008年开始，依托众多水电工程设计实践，华东院打造出了一套具有自主知识产权的高精度水力机械瞬变流分析软件Hysim4.0，该程序已取得了软件著作权，通过了中国水力发电工程学会组织的成果鉴定会，鉴定会认为该软件系统功能强、适应性好，其中多项技术在国内外同类软件平台中属于首创，促进了我国水利水电行业复杂水道系统水力瞬变流仿真技术的发展，整体达到了国际先进水平。

2.5.2　Hysim仿真软件平台架构

Hysim（Hydraulic Simulation）在开发过程中采用了以下较先进的软件开发技术：①采用了微软最新的Visual statio 2005—2008软件开发系统；②建立在最新的软件基础结构Framework 2.0～3.5之上；③ADO数据库技术；④利用OLE Automation技术来管理计算结果数据和图形输出；⑤HTML文件帮助系统。

主功能方框图见图2.5-1。

在功能块的具件实现上具有以下特点：

（1）图形用户接口（GUI）为用户进行系统设计提供便利，使设计方案可以储存，调用、修改。

（2）元素图形单元（ElmControls）建立了图形元素和实际计算元素之间

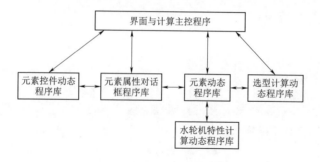

图 2.5-1 Hysim 主功能方框图

的接口，它们的关系是一一对应的。

（3）元素计算单元（ElmentLibrary）是仿真计算的核心部分。

（4）元素性质设定（PropertyForms）为用户提供图形接口，用以设置计算元素的初值及边界条件。

（5）数据库（TurbDllNew）为运算元素提供部分数据。

（6）控制单元（GWMain）为主程序，协调各单元，完成仿真计算功能。

（7）计算结果输出（Excel/Txt output）为运算输出部分，既可以 Excel 窗口输出，也可以文本方式输出。

2.5.3 软件界面及功能介绍

2.5.3.1 水力瞬变仿真软件界面

Hysim 软件采用的是视窗界面，软件主要由菜单栏、主要功能模块栏和建模区域组成。在菜单栏中可以对仿真时间、输出时间步长、迭代精度、迭代权系数等计算参数进行设置，同时可选择文本文件和 Excel 文件两种方式来输出计算结果。主要功能模块栏中包含了混流式水轮机、水泵水轮机、冲击式水轮机、水泵、明渠、调压室等各种功能模块，其参数可在建模时进行具体设定。建模区域支持设计人员根据工程具体布置进行图形拖拽建模。Hysim 软件界面见图 2.5-2

2.5.3.2 水力瞬变仿真软件功能简介

Hysim 软件功能全面，适应性强，适用于水电站瞬变流领域常用的各种调压室型式的水力计算，主要的功能模块见图 2.5-3，功能特点如下：

（1）支持多种型式的调压室，主要的调压室型式包括：简单调压井、阻抗式调压井、差动式调压井、双室式调压井、可溢流调压井、气垫调压室、变断面及斜度的调压斜井、带进流调压井、双联和三联调压室、带共用上室调压室。

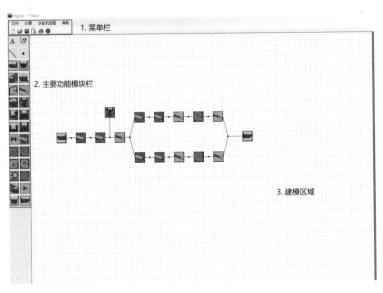

图 2.5 - 2　Hysim 软件界面

（2）支持调压室动态阻抗系数的计算。该软件支持将调压室阻抗孔（回流孔）动态阻抗系数引入数值分析的功能，见图 2.5 - 4。在计算中代入流量变化和不同分流比下流量系数，用于瞬变流分析实践工作，大大提高了调压室水力计算精度。

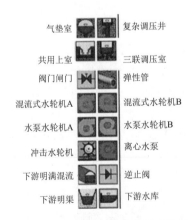

图 2.5 - 3　软件的主要功能模块简图

（3）能进行多层变界面气垫调压室的精确仿真计算，并且具有给定调压室初始水面或给定静态 PV 值的功能，见图 2.5 - 5。

（4）调压室水力计算中考虑了调压室内的流速头、井壁糙率的影响等细节因素，提高了调压室水力计算精度。

（5）适用于混流式水轮发电机组、水泵水轮发电机组、冲击式水轮发电机组等多种机型，其中冲击水轮机实现了针阀与折向器联动，实现了折向器的精确算法。

（6）支持离心水泵的计算，支持蝶阀、球阀、筒形阀、逆止阀等多种型式的阀门计算。

（7）可智能生成并绘制水轮机特性曲线，可利用水轮发电机组几个主要的参数自生成水轮机特性曲线。水轮机特性曲线实现自生成的基本流程是：水轮机的基本特性参数—程序选型设计—机组几何尺寸—程序自动生成原型机组特性曲线。

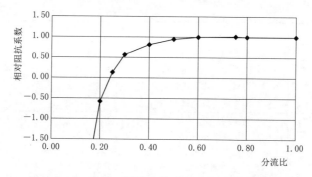

图 2.5-4 锦屏二级水电站动态阻抗系统变化过程

图 2.5-5 气垫式调压室参数输入界面

（8）研发的局域电网模块可以较为真实地模拟水轮发电机组在实际局域电网中的运行情况，初步实现了瞬变流水—机—电的统一。

2.5.4 软件使用效果和技术创新

Hysim 软件功能全面，几乎涵盖了水电站过渡过程领域常用的各种水力和机械元素，主要元素见表 2.5-1。

表 2.5-1   Hysim 4.0 软件主要元素类型表

元素类型	包 含 的 型 式
水库	（1）单一上游、下游水库； （2）多个上游、下游水库联合； （3）水位有规律波动状态水库

续表

元素类型	包 含 的 型 式
管（隧）道	（1）弹性管（隧）道； （2）刚性管（隧）道； （3）明渠（压力前池）； （4）明满混流管（隧）道
调 压 室	（1）简单调压井； （2）阻抗式调压井； （3）差动式调压井； （4）双室式调压井； （5）变断面及斜度的调压斜井； （6）带进流调压井； （7）可溢流调压井； （8）气垫调压室； （9）双联和三联调压室； （10）带共用上室调压室
机组	（1）混流式水轮机 A 型（自动生成特性曲线）； （2）混流式水轮机 B 型（外部提供特性曲线）； （3）水泵水轮机 A 型（自动生成特性曲线）； （4）水泵水轮机 B 型（外部提供特性曲线）； （5）冲击式水轮机（外部提供特性曲线）
水泵	离心水泵
阀门	蝶阀、球阀、门阀、逆止阀

Hysim 软件系统已通过第三方软件评测，并已申请软件著作权，软件开发主要成果及创新点如下：

（1）可估算并绘制水轮机特性曲线。水轮机特性曲线预估实现的基本流程是：水轮机的基本特性参数—计算机选型设计—机组几何尺寸—计算机估算原型机组特性曲线；可以预估水轮机的特性曲线数据，直接应用于过渡过程计算中，这为前期设计项目缺乏机组特性数据条件下的过渡过程计算提供了极大的便利，也创新了国内通过水轮机型谱选型的做法。

（2）在传统过渡过程软件基础上，研发了电网模块，改变了以往过渡过程计算中假定、概化电网边界条件的做法，可以较为真实地模拟水轮发电机组在实际电网中的运行情况，初步实现了过渡过程水—机—电的统一。

（3）软件首次将结构计算中的结构矩阵法引入水力过渡过程计算中。结构矩阵法是结构杆系计算中的一种计算方法，将该方法引入输水发电系统水力过渡过程中，利用同一节点压力（水头相等）、流量之和为零的特点，能快速计算，并且更容易实现模块化编程，便于二次开发对接。

华东院依托典型水电站工程设计工作，开发的复杂水道系统水力-机械一体化过渡过程仿真分析软件系统 Hysim 不断升级、完善，大幅提升了华东院对复杂水道系统过渡过程特性的认识，有效解决了实际工程问题。

经多个不同类型水电站机组甩负荷原型试验验证，该软件系统是国内少数适用于复杂水道系统水电站（含抽水蓄能电站）水力过渡过程仿真计算分析的通用软件平台之一，多项技术在国内同类软件平台均属首创，整体达到国内领先水平，具有进一步推广使用价值。该软件与国内外同类过渡过程计算商业通用软件技术指标的对比情况见表 2.5-2。

表 2.5-2　　　　　　　**Hysim 软件与国内外同类软件的对比**

比较内容	Hysim 4.0	国内外同类过渡过程软件
软件结构	软件首次将结构计算中的结构矩阵法引入水力过渡过程计算中。这种方法的优点是在编程实现时，可更为便捷和更容易实现模块化，二次开发对接方便	软件一般是建立回路水头-压力平衡方程组和节点流量连续方程组的解法，模块化程度低，二次开发对接不便
特性曲线的生成方式	水轮机特性曲线是水电站水过渡过程计算中不可缺少的数据。该软件利用水轮机的基本特性参数，可以准确预估水轮机的特性曲线数据，直接应用于过渡过程计算中，为设计前期或国外项目缺乏机组特性数据条件下的过渡过程计算提供了极大的便利	一般软件无此功能，多是套用其他类似水电站的水轮机特性曲线数据进行过渡过程计算
电网模拟功能	在传统过渡过程软件基础上，研发了电网模块，改变了以往过渡过程计算中假定、概化电网边界条件的做法，可以较为真实地模拟水轮发电机组在实际电网中的运行情况，实现了过渡过程水—机—电的统一	一般软件无此功能。一般软件是将电网假定为理想化的孤网和理想化的无穷大电网来处理，无法模拟水轮发电机组在实际电网中的真实运行情况
可视化程度	基于 Visual Stutio 2005—2008 软件开发平台，软件实现全面可视化，人机对话界面友好，简洁明确，易学易用，便于商业化推广	一般软件采用 Fortran、C 等编程语言，软件可视化程度较低，且使用便利性较差
计算速度和精度	软件采用降低矩阵维数和自动变步长的算法，在保证计算精度同时极大地提高计算速度	一般软件采用定维数和定步长的算法，无法解决计算精度和速度的矛盾
软件适用范围	软件应用范围广，除适用于一般水电站水力过渡过程计算外，还适用于具有明满混流管（隧）道、简单调压井、阻抗式调压井、差动式调压井、双室式调压井、变断面及斜度的调压斜井、带进流调压井、可溢流调压井，气垫调压室、双联和三联调压室、带共用上室调压室、混流式水轮机、水泵水轮机、冲击式水轮机等多种水力元素的复杂引水输水系统	一般软件只适用于一些简单水道系统的水电站过渡过程计算，通用性较差
后处理方式	软件利用 OLE Automation 技术来管理计算结果数据和图形输出，使用者可根据需求，适当选择结果输出内容，结果输出简洁清晰	软件后处理方式一般较为烦琐，结果输出固定，人性化程度低

第3章 调压室型式研究

锦屏二级水电站工程采用超长引水式开发，水体惯性及装机规模巨大，且利用水头较高，水力学条件极为复杂，调压室型式选择成为工程建设关键技术问题之一。鉴于该工程输水系统所具有的特长、大直径和高水头的特殊性以及调压室非恒定流水力现象的复杂性，结合工程的开发以及调压室水力特性、结构特性的研究，对调压室的型式进行了系统的比选研究分析。

调压室，又称调压井或调压塔，是一种具有一定水容积的井型水工建筑物。除了气垫式调压室外，其他型式调压室都具有自由水面。在地质地貌条件、地形地质条件允许的情况下，调压室通常尽可能地安排在离厂房近一些的上下游水道。调压室的主要作用如下：

（1）反射并降低水击压力波动的幅值，并防止过大的水击波传递到隧洞中，从而提高输水发电系统结构的安全性。

（2）改善机组转速调节的品质，从而提高供电质量，有利于电网整体的频率稳定性。

（3）提高机组启动时的速动性，从而有利于开机过程的稳定性。在关停机方面，由于调压室允许较为快速的导叶关闭也利于停机过程的安全稳定性。

从理论角度而言，调压室之所以有以上三大作用，主要是因为改善了输水系统的两个重要参数：①减小机组压力管道的水流加速时间常数 T_w。T_w 值的减小是产生上述调压室三大作用的主要因素；②减小水击波反射时间常数 T_r。T_r 值的减小主要是对上述第二点作用的改善机组调节品质有利。

调压室的位置应尽量靠近厂房，降低压力管道的水流加速时间常数 T_w。因此，调压室的布置应该综合考虑压力管道线路上的地形条件、地质条件和水电站的布置形式，进行技术经济对比分析后确定。通常上游最合理的调压室布置位置是在压力管道纵向转折处，此处设计的调压室高度最小。

常见的调压室基本型式有简单式、阻抗式、差动式、水室式、斜井式、溢流式和气垫式。调压室型式的选择应当根据水电站的工作特点，结合地形条件和地质条件，对比分析各种型式调压室的优缺点、适用性及经济性（表 3.0-1）进行确定。调压室的设计具有非常大的灵活性，在实际工程应用中，可以选取两种或两种以上基本类型调压室，根据其使用特点取长补短，形成组合式调压室。

表 3.0 - 1　　　　　　　　各种类型调压室的优缺点与适用范围

类型	优　点	缺　点	适　用　范　围
简单式	结构简单，水击反射条件好	波动振幅大，调压室容积较大；调压室内水位波动衰减缓慢，引水隧洞与调压室连接处水力损失较大	适用于引水距离较短或水头很高的水电站
阻抗式	水位波动的振幅较小，衰减速度较快，所需调压室的体积小于简单式	如果设计不当形成过阻抗，水击波不能完全反射，压力引水道中可能受到水击的影响	适用范围较广，是应用最多的型式
差动式	各方面水力性能均优于阻抗式，是水位波动衰减最快的室型，所需容积小于阻抗式	对升管和底板抗压差的强度要求较高，结构较为复杂	适用于要求加快衰减速度运行且地形和地质条件不允许大断面的中低水头水电站
水室式	是限制最高和最低涌波水位最有效的室型。调压室总容积一般远小于其他非复合型调压室，工程投资较低	当波动幅度在上室与下室之间时，水室作用就完全消失，蜕变为简单调压室，水位波动衰减缓慢。除地下结构外水室布置很难	适用于引水距离较长的中高水头电站。可结合其他室型组成复合型调压室。多用于解决最高和（或）最低涌波水位相关问题
斜井式	对于采用不衬砌隧道引水的中高水头电站，采用斜井式是最经济的。同时提供了电站发电之后车辆和机械的进入通道	水道的 T_w 值高于其他所有室型，有可能不利于调频稳定。地质条件要求较高	适用于采用不衬砌隧道引水的中高水头水电站
溢流式	可以通过减小调压室的高度适应布置位置不同高程的地形条件，工程造价低	须设置排泄水道以溢弃水量，此种调压室的使用相对较少	适用于在调压室附近可经济安全地布置泄水道的电站
气垫式	环保，不改变地貌。可以布置在离主厂房很近的地方，大幅降低 T_w 值	需要配置空气压缩机，运行费用增大。一旦发生大的漏气，很难找到补救办法	适用于表层地貌条件不，不适于建造常规调压室或深埋于地下的引水式地下水电站

3.1　可行性研究阶段调压室型式

可行性研究阶段上游调压室型式有两种方案：阻抗＋带溢流上室型式和差动＋带溢流上室型式。阻抗式调压室施工简单，合理的阻抗孔口设计能够有效地降低调压室涌波和机组蜗壳最大内水压力值；而相对于阻抗式调压室，差动式调压室能更有效地降低涌波幅度及加快涌波衰减。选择工况 D1（上游水库校核洪水位 1658.00m，对应下游最高水位 1352.40m，两台机正常运行时甩全部负荷）、工况 D8（下游八台机正常运行尾水位 1333.50m，额定水头下对应上游水位 1641.30m，同一水力单元两台机正常运行时甩全部负荷）和工况 D12（上游死水位 1640.00m，对应下游两台机运行尾水位 1326.90m 两台机正常运行时甩全部负荷）进行调压室型式的对比计算，导叶关闭规律取 13s 直线关闭。

3.1.1　阻抗＋带溢流上室型式

超长引水道的水电站，其上游调压室的涌波主要对机组蜗壳内水压力产生影响。因此在优化上游调压室的阻抗孔口时，减小阻抗孔口的面积一定程度上会增加导叶关闭引起的水击压力，同时也会降低调压室的涌波水位，反而有可能减小蜗壳最大内水压力。选择 D1 工况（上游水库校核洪水位 1656.02m，对应下游最高水位 1353.40m，两台机正常运行时甩全部负荷）和 D3 工况（上游水库正常蓄水位 1646.00m，对应尾水位 1330.10m，一台机正常运行时甩全部负荷）来优化阻抗孔口。阻抗孔口优化结果见表 3.1－1。

表 3.1－1　　　　　　　　　上游调压室阻抗孔口优化结果

上游调压室阻抗孔口面积/m²	工况	机组号	蜗壳最大压力/m	尾水管最小压力/m	最大转速升高率/%	上游调压室最高涌波/m	上游调压室最低涌波/m	上游调压室向下最大压差/m	上游调压室向上最大压差/m
26.72	D1	7	386.37 (39.68)	24.77 (1.52)	45.01 (8.20)	1686.14 (192.76)	1622.65 (516.88)	5.82 (358.00)	32.09 (18.28)
		8	386.66 (38.96)	24.65 (1.44)	45.02 (8.24)				
	D3	8	370.07 (3.92)	1.75 (1.48)	39.94 (7.32)	1676.61 (125.80)	1620.09 (369.20)	2.84 (241.12)	7.15 (12.72)
30.72	D1	7	380.72 (39.68)	24.77 (1.52)	44.75 (8.12)	1687.19 (197.12)	1619.06 (524.16)	5.20 (391.40)	25.22 (18.28)
		8	381.06 (38.48)	24.65 (1.44)	44.76 (8.12)				
	D3	8	369.83 (3.92)	1.75 (1.48)	39.88 (7.32)	1676.77 (127.56)	1618.47 (371.64)	2.30 (241.12)	5.52 (12.64)
34.72	D1	7	376.84 (39.68)	24.76 (1.52)	44.56 (8.04)	1688.04 (200.48)	1616.14 (530.24)	4.63 (391.40)	20.28 (18.28)
		8	376.86 (38.48)	24.64 (1.44)	44.57 (8.04)				
	D3	8	369.67 (3.92)	1.75 (1.48)	39.84 (7.32)	1676.89 (129.08)	1617.25 (373.48)	1.89 (243.36)	4.38 (12.64)
38.72	D1	7	373.97 (39.68)	24.76 (1.52)	44.43 (8.00)	1688.69 (202.96)	1612.01 (539.28)	4.05 (394.32)	16.62 (18.28)
		8	373.93 (40.56)	24.64 (1.44)	44.44 (8.00)				
	D3	8	369.55 (3.92)	1.75 (1.48)	39.81 (7.28)	1676.98 (130.12)	1616.32 (375.00)	1.57 (245.60)	3.56 (12.48)

续表

上游调压室 阻抗孔口 面积/m²	工况	机组 号	蜗壳最大 压力/m	尾水管 最小压力 /m	最大转速 升高率 /%	上游调压 室最高 涌波/m	上游调压 室最低涌波 /m	上游调压 室向下 最大压差 /m	上游调压 室向上 最大压差 /m
42.72	D1	7	372.81 (205.56)	24.76 (1.52)	44.33 (7.96)	1689.28 (205.00)	1611.78 (539.04)	3.52 (396.32)	13.85 (18.28)
		8	372.72 (197.72)	24.64 (1.44)	44.34 (7.96)				
	D3	8	369.46 (3.92)	1.74 (3.40)	39.79 (7.28)	1677.04 (131.20)	1615.60 (376.28)	1.33 (247.76)	2.94 (12.48)
46.72	D1	7	373.43 (205.56)	24.76 (1.52)	44.25 (7.96)	1689.87 (206.64)	1610.16 (541.16)	3.08 (399.88)	11.71 (18.28)
		8	373.35 (205.88)	24.64 (1.44)	44.26 (7.96)				
	D3	8	369.40 (3.92)	1.74 (3.40)	39.77 (7.28)	1677.10 (131.72)	1615.03 (377.20)	1.14 (249.32)	2.48 (12.48)
50.72	D1	7	374.00 (205.56)	24.76 (1.52)	44.19 (7.92)	1690.42 (208.08)	1608.83 (542.64)	2.71 (399.88)	10.03 (18.28)
		8	373.94 (205.88)	24.64 (1.44)	44.20 (7.92)				
	D3	8	369.35 (3.92)	1.74 (3.40)	39.76 (7.28)	1677.14 (132.20)	1614.57 (377.92)	0.98 (249.36)	2.11 (12.48)
54.72	D1	7	375.33 (209.76)	24.76 (1.52)	44.10 (7.88)	1691.69 (209.00)	1606.81 (544.08)	2.16 (406.72)	7.58 (18.28)
		8	375.29 (211.64)	24.64 (1.44)	44.12 (7.88)				
	D3	8	369.28 (3.92)	1.73 (3.40)	39.74 (7.28)	1677.20 (133.16)	1613.90 (378.88)	0.75 (251.56)	1.58 (12.48)

注　括号中数据为对应的时刻，单位为 s。

由图 3.1-1 和图 3.1-2 可以得出：当阻抗孔口面积小于 42.72m² 时，机组蜗壳最大内水压力随着阻抗孔口面积的增加而减小；当阻抗孔口面积大于 42.72m² 时，机组蜗壳最大内水压力随着阻抗孔口面积的增加而增大。随着阻抗面积的增加，调压室涌波水位上升，同时作用在调压室底板压差减小。综合以上计算结果取阻抗孔口面积为 42.72m²。

改变上游调压室上室平台底部高程对调压室最高涌波水位和机组蜗壳最大内水压力的影响较大，根据计算结果：只有当调压室最高涌波水位等于或者接近于调压室的上室顶部高程时，其最高涌波水位和机组蜗壳最大内水压力最

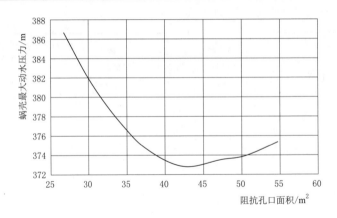

图 3.1-1　阻抗孔口面积和蜗壳最大内水压力关系曲线

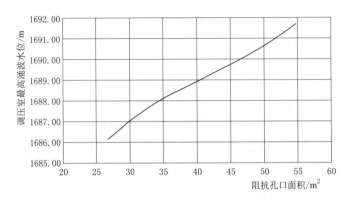

图 3.1-2　阻抗孔口面积和调压室最高涌波水位关系曲线

小，初次推荐的上游调压室底板高程为 1675.00m，根据最新的调压室上室尺寸，在 1675.00m 左右范围内改变上室底部高程，阻抗孔口面积取 42.72m²，机组 GD^2 为 75000t·m²，计算工况 D1 各控制参数值结果见表 3.1-2（导叶有效关闭时间取 13s）。

表 3.1-2　　　　工况 D1 下上游调压室上室底板高程优化时
各控制参数计算结果

上室底板高程/m	机组号	蜗壳最大压力/m	尾水管最小压力/m	最大转速升高率/%	最高涌波/m	最低涌波/m	向下最大压差/m	向上最大压差/m
1672.00	7	374.18 (205.56)	24.76 (1.52)	44.33 (7.96)	1690.65 (207.36)	1613.07 (551.40)	3.26 (409.64)	13.85 (18.28)
	8	374.08 (205.88)	24.64 (1.44)	44.34 (7.96)				

续表

上室底板高程 /m	机组号	蜗壳最大压力 /m	尾水管最小压力 /m	最大转速升高率 /%	最高涌波 /m	最低涌波 /m	向下最大压差 /m	向上最大压差 /m
1673.00	7	372.46 (205.56)	24.76 (1.52)	44.33 (7.96)	1688.95 (209.20)	1612.74 (552.60)	3.30 (409.64)	13.85 (18.28)
	8	372.36 (207.96)	24.64 (1.44)	44.34 (7.96)				
1674.00	7	372.54 (205.56)	24.76 (1.52)	44.33 (7.96)	1689.01 (207.24)	1612.36 (545.88)	3.40 (408.04)	13.85 (18.28)
	8	372.44 (205.88)	24.64 (1.44)	44.34 (7.96)				
1675.00	7	372.81 (205.56)	24.76 (1.52)	44.33 (7.96)	1689.28 (205.00)	1612.01 (539.28)	3.50 (396.32)	13.85 (18.28)
	8	372.72 (197.72)	24.64 (1.44)	44.34 (7.96)				
1676.00	7	373.23 (205.56)	24.76 (1.52)	44.33 (7.96)	1689.71 (202.64)	1611.67 (531.44)	3.57 (391.40)	13.85 (18.28)
	8	373.15 (197.72)	24.64 (1.44)	44.34 (7.96)				

注 括号中数据为对应时刻，单位为s。

由图3.1-3可以得出：上室高程在1675.00m的基础上降低2m左右可以使调压室最高涌波水位达到最小，但是此时上室将基本上被完全淹没，若上室高程取为1675.00m则上室还有2m多的裕度，因此这里仍推荐上室底板高程为1675.00m。

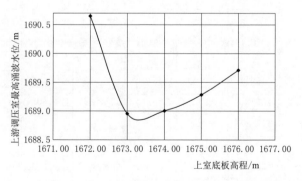

图3.1-3 上游调压室上室底板高程与调压室最高涌波水位关系曲线

3.1.2　差动＋带溢流上室型式

对于差动式调压室来说，升管顶部高程对调压室大井以及升管的涌波有影响，下面对升管顶部高程进行敏感性分析，各控制参数计算结果见表3.1－3。

表3.1－3　差动式调压室升管顶部高程敏感性分析各控制参数计算结果

升管顶部高程/m	工况	机组号	蜗壳最大压力/m	尾水管最小压力/m	最大转速升高率/%	上游调压室大井最高涌波/m	上游调压室大井最低涌波/m	上游调压室升管最高涌波/m	上游调压室升管最低涌波/m
1680.00	D1	7	384.59 (9.32)	24.77 (1.52)	45.06 (8.32)	1687.18 (201.04)	1640.67 (0.76)	1687.177 (200.8)	1617.867 (393.6)
		8	383.94 (9.84)	24.65 (1.44)	45.07 (8.32)				
	D3	8	367.28 (31.16)	2.35 (1.44)	43.24 (8.52)	1668.30 (103.28)	1637.90 (361.32)	1680.772 (38.4)	1637.267 (284.8)
	D6	7	380.69 (15.96)	4.64 (1.56)	46.88 (9.08)	1681.40 (160.40)	1629.56 (0.80)	1682.188 (39.2)	1629.564 (0.8)
		8	380.39 (15.80)	4.33 (1.44)	46.90 (9.12)				
	D10	7	374.97 (16.16)	−0.36 (1.56)	47.25 (9.16)	1679.25 (155.60)	1623.36 (0.80)	1682.093 (39.2)	1623.358 (0.8)
		8	374.92 (16.24)	0.21 (1.60)	47.27 (9.16)				
1683.00	D1	7	386.58 (14.16)	24.77 (1.52)	45.06 (8.32)	1686.50 (198.88)	1640.67 (0.76)	1686.496 (198.4)	1636.393 (338.4)
		8	386.57 (14.04)	24.65 (1.44)	45.07 (8.32)				
	D3	8	370.21 (31.16)	2.35 (1.44)	43.24 (8.52)	1667.51 (101.00)	1637.97 (359.52)	1683.685 (38.4)	1637.434 (285.6)
	D6	7	380.69 (15.96)	4.64 (1.56)	46.88 (9.08)	1680.83 (160.44)	1629.56 (0.80)	1685.133 (39.2)	1629.564 (0.8)
		8	380.39 (15.80)	4.33 (1.44)	46.90 (9.12)				
	D10	7	379.04 (20.64)	−0.36 (1.56)	47.25 (9.16)	1678.71 (133.92)	1623.36 (0.80)	1685.041 (39.2)	1623.358 (0.8)
		8	378.80 (20.48)	0.21 (1.60)	47.27 (9.16)				

续表

升管顶部高程/m	工况	机组号	蜗壳最大压力/m	尾水管最小压力/m	最大转速升高率/%	上游调压室大井最高涌波/m	上游调压室大井最低涌波/m	上游调压室升管最高涌波/m	上游调压室升管最低涌波/m
1686.00	D1	7	390.34 (14.16)	24.77 (1.52)	45.06 (8.32)	1685.65 (194.84)	1640.67 (0.76)	1688.363 (39.2)	1640.675 (0.8)
		8	389.62 (14.04)	24.65 (1.44)	45.07 (8.32)				
	D3	8	372.96 (39.20)	2.35 (1.44)	43.24 (8.52)	1666.84 (99.56)	1638.05 (357.92)	1686.595 (38.4)	1637.642 (285.6)
	D6	7	380.92 (20.24)	4.64 (1.56)	46.88 (9.08)	1680.21 (156.92)	1629.56 (0.80)	1688.081 (39.2)	1629.564 (0.8)
		8	380.47 (18.60)	4.33 (1.44)	46.90 (9.12)				
	D10	7	382.25 (18.92)	−0.36 (1.56)	47.25 (9.16)	1678.26 (132.56)	1623.36 (0.80)	1687.992 (38.4)	1623.358 (0.8)
		8	382.00 (18.84)	0.21 (1.60)	47.27 (9.16)				
1689.00	D1	7	390.59 (14.16)	24.77 (1.52)	45.06 (8.32)	1684.66 (191.16)	1640.67 (0.76)	1691.303 (39.2)	1640.675 (0.8)
		8	389.68 (14.04)	24.65 (1.44)	45.07 (8.32)				
	D3	8	375.85 (39.20)	2.35 (1.44)	43.24 (8.52)	1666.30 (98.12)	1638.12 (355.08)	1689.48 (40)	1637.815 (284.8)
	D6	7	385.00 (20.44)	4.64 (1.56)	46.88 (9.08)	1679.62 (136.88)	1629.56 (0.80)	1691.03 (39.2)	1629.564 (0.8)
		8	384.78 (18.60)	4.33 (1.44)	46.90 (9.12)				
	D10	7	382.25 (18.92)	−0.36 (1.56)	47.25 (9.16)	1678.26 (132.56)	1623.36 (0.80)	1687.992 (38.4)	1623.358 (0.8)
		8	382.00 (18.84)	0.21 (1.60)	47.27 (9.16)				
1692.00	D1	7	390.59 (14.16)	24.77 (1.52)	45.06 (8.32)	1683.87 (168.28)	1640.67 (0.76)	1694.248 (39.2)	1640.675 (0.8)
		8	389.68 (14.04)	24.65 (1.44)	45.07 (8.32)				
	D3	8	377.69 (47.32)	2.35 (1.44)	43.24 (8.52)	1665.92 (96.92)	1638.16 (353.24)	1692.064 (46.4)	1637.867 (283.2)

续表

升管顶部 高程 /m	工况	机组 号	蜗壳 最大压力 /m	尾水管 最小压力 /m	最大转速 升高率 /%	上游调压 室大井 最高涌波 /m	上游调压 室大井 最低涌波 /m	上游调压 室升管 最高涌波 /m	上游调压 室升管 最低涌波 /m
1692.00	D6	7	387.90 (18.76)	4.64 (1.56)	46.88 (9.08)	1679.17 (134.64)	1629.56 (0.80)	1693.979 (38.4)	1629.564 (0.8)
		8	387.53 (18.72)	4.33 (1.44)	46.90 (9.12)				
	D10	7	387.17 (20.64)	−0.36 (1.56)	47.25 (9.16)	1677.50 (129.36)	1623.36 (0.80)	1693.893 (38.4)	1623.358 (0.8)
		8	387.28 (22.68)	0.21 (1.60)	47.27 (9.16)				

注 括号中数据为对应时刻，单位为 s。

由图 3.1－4 和图 3.1－5 可知：差动式调压室大井内的最高涌波水位随着升管顶部高程的增加而降低，而最高涌波水位关于升管顶部高程的关系曲线有一个最低点，该点升管内的最高涌波水位等于大井内的最高涌波水位。

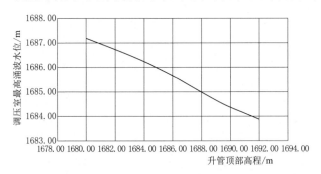

图 3.1－4 升管顶部高程与调压室大井最高涌波水位关系曲线

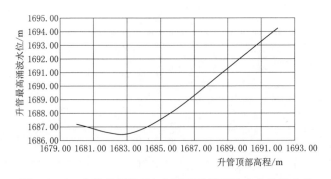

图 3.1－5 升管顶部高程与调压室升管涌波水位关系曲线

阻抗孔口大小对最高涌波水位影响较为明显，针对差动式调压室阻抗孔口面积大小进行敏感性分析，计算结果见表3.1-4。

表3.1-4 差动式调压室阻抗孔口面积敏感性分析各控制参数计算结果

阻抗孔口面积/m²	工况	机组号	蜗壳最大压力/m	尾水管最小压力/m	最大转速升高率/%	上游调压室大井最高涌波/m	上游调压室大井最低涌波/m	上游调压室升管最高涌波/m	上游调压室升管最低涌波/m
3.07	D1	7	388.34 (14.16)	24.78 (1.52)	45.23 (8.40)	1685.47 (195.04)	1640.67 (0.88)	1688.582 (38.4)	1640.667 (0.8)
		8	388.04 (14.04)	24.65 (1.44)	45.24 (8.40)				
	D3	8	374.45 (23.12)	2.35 (1.44)	43.35 (8.56)	1662.98 (106.28)	1642.40 (0.76)	1687.122 (38.4)	1633.932 (177.6)
	D6	7	388.59 (15.68)	4.64 (1.56)	47.10 (9.24)	1679.94 (159.12)	1629.56 (0.88)	1688.398 (37.6)	1628.142 (248.8)
		8	388.93 (15.64)	4.33 (1.44)	47.12 (9.20)				
	D10	7	385.40 (16.52)	-0.36 (1.56)	47.47 (9.24)	1677.98 (134.56)	1623.36 (0.88)	1688.349 (37.6)	1620.594 (245.6)
		8	385.19 (16.24)	0.21 (1.60)	47.49 (9.24)				
5.07	D1	7	389.46 (14.16)	24.77 (1.52)	45.14 (8.36)	1685.56 (194.84)	1640.67 (0.80)	1688.471 (38.4)	1640.672 (0.8)
		8	389.51 (14.04)	24.65 (1.44)	45.15 (8.36)				
	D3	8	373.52 (31.20)	2.35 (1.44)	43.29 (8.56)	1665.07 (101.16)	1641.74 (361.76)	1686.875 (38.4)	1638.667 (214.4)
	D6	7	385.46 (15.96)	4.64 (1.56)	46.99 (9.12)	1680.08 (157.64)	1629.56 (0.84)	1688.24 (37.6)	1629.561 (0.8)
		8	385.08 (15.80)	4.33 (1.44)	47.00 (9.16)				
	D10	7	380.99 (20.40)	-0.36 (1.56)	47.35 (9.20)	1678.12 (133.44)	1623.36 (0.84)	1688.173 (38.4)	1623.355 (0.8)
		8	380.32 (20.48)	0.21 (1.60)	47.37 (9.20)				
7.07	D1	7	390.34 (14.16)	24.77 (1.52)	45.06 (8.32)	1685.65 (194.84)	1640.67 (0.76)	1688.363 (39.2)	1640.675 (0.8)
		8	389.62 (14.04)	24.65 (1.44)	45.07 (8.32)				

续表

阻抗孔口面积/m²	工况	机组号	蜗壳最大压力/m	尾水管最小压力/m	最大转速升高率/%	上游调压室大井最高涌波/m	上游调压室大井最低涌波/m	上游调压室升管最高涌波/m	上游调压室升管最低涌波/m
7.07	D3	8	372.96 (39.20)	2.35 (1.44)	43.24 (8.52)	1666.84 (99.56)	1638.05 (357.92)	1686.595 (38.4)	1637.642 (285.6)
	D6	7	380.92 (20.24)	4.64 (1.56)	46.88 (9.08)	1680.21 (156.92)	1629.56 (0.80)	1688.081 (39.2)	1629.564 (0.8)
		8	380.47 (18.60)	4.33 (1.44)	46.90 (9.12)				
	D10	7	382.25 (18.92)	−0.36 (1.56)	47.25 (9.16)	1678.26 (132.56)	1623.36 (0.80)	1687.992 (38.4)	1623.358 (0.8)
		8	382.00 (18.84)	0.21 (1.60)	47.27 (9.16)				
9.07	D1	7	386.91 (14.16)	24.77 (1.52)	44.98 (8.28)	1685.74 (194.88)	1640.67 (0.76)	1688.256 (40)	1640.675 (0.8)
		8	386.06 (14.04)	24.65 (1.44)	45.00 (8.28)				
	D3	8	370.12 (47.32)	2.35 (1.44)	43.19 (8.52)	1669.22 (113.44)	1634.74 (358.28)	1684.364 (46.4)	1634.741 (353.6)
	D6	7	382.11 (18.76)	4.64 (1.56)	46.79 (9.04)	1680.34 (156.56)	1629.56 (0.76)	1687.917 (39.2)	1629.565 (0.8)
		8	381.82 (18.72)	4.33 (1.44)	46.81 (9.04)				
	D10	7	381.51 (20.64)	−0.36 (1.56)	47.15 (9.12)	1678.41 (131.84)	1623.36 (0.76)	1687.805 (39.2)	1623.359 (0.8)
		8	381.24 (22.64)	0.21 (1.60)	47.17 (9.12)				
11.07	D1	7	383.59 (14.16)	24.77 (1.52)	44.92 (8.20)	1685.84 (195.08)	1640.67 (0.72)	1688.149 (40)	1640.676 (0.8)
		8	382.78 (14.04)	24.65 (1.44)	44.93 (8.28)				
	D3	8	364.67 (47.32)	2.35 (1.44)	43.15 (8.52)	1672.00 (117.72)	1631.72 (361.44)	1678.791 (46.4)	1631.718 (357.6)
	D6	7	381.24 (20.44)	4.63 (1.56)	46.71 (9.00)	1680.47 (156.44)	1628.75 (440.96)	1687.751 (39.2)	1628.424 (428)
		8	381.15 (22.48)	4.33 (1.44)	46.72 (9.00)				

续表

阻抗孔口面积/m²	工况	机组号	蜗壳最大压力/m	尾水管最小压力/m	最大转速升高率/%	上游调压室大井最高涌波/m	上游调压室大井最低涌波/m	上游调压室升管最高涌波/m	上游调压室升管最低涌波/m
11.07	D10	7	380.53 (22.68)	−0.37 (1.56)	47.07 (9.08)	1678.56 (131.36)	1622.31 (404.40)	1687.612 (39.2)	1622.036 (393.6)
		8	380.64 (22.64)	0.21 (1.60)	47.09 (9.08)				

注 括号中数据为对应时刻,单位为 s。

由图 3.1-6 和图 3.1-7 可知:连接调压室大井的阻抗孔口面积越大,调压室大井内的最高涌波水位最大,而升管内的最高涌波水位随着阻抗孔口面积的增大而减小。

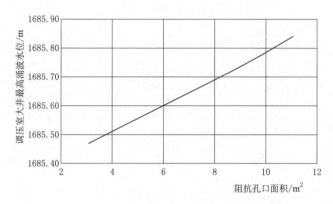

图 3.1-6　阻抗孔口面积与调压室大井最高涌波水位关系曲线

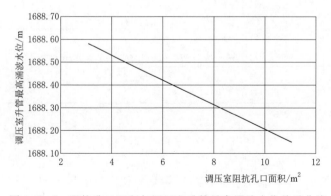

图 3.1-7　阻抗孔口面积与调压室升管最高涌波水位关系曲线

3.1.3　两种型式的优化结果对比

对不同工况下两种调压室型式进行对比分析，计算结果见表 3.1-5。

表 3.1-5　　　　　　　　不同工况下两种调压室型式对比

上游调压室型式	工况	机组号	蜗壳最大压力/m	尾水管最小压力/m	最大转速升高率/%	上游调压室大井最高涌波/m	上游调压室大井最低涌波/m	上游调压室升管最高涌波/m	上游调压室升管最低涌波/m	上游调压室向下最大压差/m	上游调压室向上最大压差/m
阻抗式调压室	D1	7	372.81 (205.56)	24.76 (1.52)	44.33 (7.96)	1689.28 (192.28)	1612.01 (539.28)			3.50 (396.32)	13.85 (18.28)
		8	372.72 (197.72)	24.64 (1.44)	44.34 (7.96)						
	D8	7	368.14 (74.44)	4.31 (2.88)	45.36 (8.04)	1683.49 (163.60)	1591.60 (443.64)			4.27 (318.76)	14.05 (18.28)
		8	368.27 (71.28)	4.19 (2.92)	45.38 (8.04)						
	D12	7	367.20 (75.40)	−1.72 (1.44)	42.66 (7.76)	1682.70 (160.80)	1591.01 (435.28)			4.00 (310.36)	13.10 (18.28)
		8	367.36 (70.32)	−2.76 (1.44)	42.67 (7.76)						
差动式调压室	D1	7	390.34 (14.16)	24.77 (1.52)	45.06 (8.32)	1685.65 (194.84)	1640.67 (0.76)	1688.363 (39.2)	1640.675 (0.8)	43.989 (13.6)	27.895 (323.2)
		8	389.62 (14.04)	24.65 (1.44)	45.07 (8.32)						
	D8	7	380.22 (18.88)	4.38 (2.88)	46.11 (8.40)	1678.95 (134.04)	1623.76 (0.80)	1688.077 (38.4)	1623.765 (0.8)	59.454 (17.6)	37.398 (247.2)
		8	380.42 (18.72)	4.26 (2.92)	46.12 (8.40)						
	D12	7	381.44 (17.92)	−1.71 (1.44)	43.38 (8.20)	1678.18 (131.12)	1623.65 (0.80)	1687.984 (38.4)	1623.652 (0.8)	59.377 (17.6)	34.481 (246.4)
		8	381.48 (17.76)	−2.76 (1.44)	43.40 (8.20)						

注　括号中数据为对应时刻，单位为 s。

从表 3.1-5 中可以看出，就大井最高涌波水位而言，差动式调压室相对于阻抗式调压室有明显的改善。但是，差动式调压室的机组蜗壳最大内水压力上升明显达到了 390.34m，而且差动式调压室的底板压差过大，不利于结构设计。

差动式调压室方案的底板压差过大可以采取增大阻抗孔口的方法来解决，

但是随着阻抗孔口的增加,调压室涌波也随之增加,同时升管和大井之间的差动作用将会减弱。增加阻抗孔口面积后的计算结果见表 3.1-6。

表 3.1-6　　　　　　　不同调压室型式控制参数对比　　　　　　单位:m

上游调压室型式	工况	机组蜗壳最大内水压力/m	上游调压室大井最高涌波水位/m	上游调压室大井最低涌波水位/m	上游调压室升管最高涌波水位/m	上游调压室升管最低涌波水位/m	上游调压室向下最大压差/m	上游调压室向上最大压差/m
阻抗式调压室		372.81 (205.56)	1689.28 (192.28)	1612.01 (539.28)			3.50	13.85
差动式调压室(孔口面积 7.07m²)	D1	390.34 (14.16)	1685.65 (194.84)	1640.67 (0.76)	1688.363 (39.2)	1640.675 (0.8)	27.895	43.989
差动式调压室(孔口面积 35m²)		379.71 (39.00)	1687.417 (198.4)	1619.607 (531.2)	1687.417 (198.4)	1619.607 (531.2)	5.719	14.053

注　括号中数据为对应时刻,单位为 s。

通过表 3.1-6 可看出,当差动式调压室阻抗孔口面积增加到 35m² 时,其调压室底板压力差才接近于阻抗式调压室方案下的底板压差,此时差动式调压室在改善调压室最高涌波水位方面仅有不到 2m 的优势,而差动式调压室的机组蜗壳最大内水压力仍比阻抗式调压室方案下大 7m 左右,因此综合考虑,推荐阻抗式调压室方案。

3.2　可行性研究阶段尾水调压室设置条件研究

基于对尾水调压室设置条件的长期研究发现,计算尾水洞临界长度时需考虑水击真空和流速水头真空的时序效应,通常采用以下公式。

(1) 发生一相水击时的尾水洞临界长度计算公式:

$$L_{w1} = K \frac{gT_s}{2V_{w0}} (1 + \rho - \sigma) \left[8 - \frac{\nabla}{900} - H_s - \frac{V_{wj}^2}{2gT_s^2} (T_s - t_r)^2 \right] \quad (3.2-1)$$

(2) 发生末相水击时的尾水洞临界长度计算公式:

当 $\dfrac{\sigma}{2 - 3\sigma} < 0$ 时:

$$L_{wm} = K \frac{gT_s}{2V_{w0}} (2 - \sigma) \left(8 - \frac{\nabla}{900} H_s \right) \quad (3.2-2)$$

当 $\dfrac{\sigma}{2 - 3\sigma} > 0$ 时:

$$L_{wm}=K\frac{gT_s}{2V_{w0}}(2-\sigma)\frac{8-\dfrac{\nabla}{900}-H_s-\dfrac{V_{wj}^2}{2g}\left(\dfrac{V_{wj}^2}{2gH_0}\right)^{\frac{2\sigma}{2-3\sigma}}}{1-\left(\dfrac{V_{wj}^2}{2gH_0}\right)^{\frac{2-\sigma}{2-3\sigma}}} \qquad (3.2-3)$$

基于电站二洞室布置型式，分别选择工况 D11 和工况 D12 计算 4 号水力单元最长管线尾水洞的临界长度，取尾水隧洞断面尺寸为 11.8m×9.5m。

在 D11 工况 $Q=212.7\text{m}^3/\text{s}$，$H_s=-9.1\text{m}$ 条件下发生一相水击，代入式 (3.2-1) 得到导叶有效关闭时间取 13s 时的尾水洞临界长度为 273.9m。在所给方案中，机组到下游闸门井的长度为 201.4m，小于设置尾水调压室的临界长度，因此在考虑尾水闸门井的条件下可以不设置尾水调压室。

在 D12 工况 $Q=224.5\text{m}^3/\text{s}$，$H_s=-10.1\text{m}$ 条件下发生一相水击，代入式 (3.2-1) 得到导叶有效关闭时间取 13s 时的尾水洞临界长度为 264.4m。在所给方案中，机组到下游闸门井的长度为 201.4m，小于设置尾水调压室的临界长度，因此在考虑尾水闸门井的条件下可以不设置尾水调压室。

不考虑尾水闸门井时，机组到下游水库的长度为 322.9m，计算以上两种工况下在有效关闭时间取 13s 时的尾水洞临界长度为：D11 工况 273.9m，D12工况 264.4m，均小于机组到下游水库的长度。因此地下厂房的位置需要向下游移动 60m 以上，才能保证不设置尾水调压室后的调保参数。相关邻接长度计算结果见表 3.2-1。

表 3.2-1　　　　　　　　　　尾水洞临界长度计算　　　　　　　　　单位：m

工况	考虑尾水闸门井的影响		不考虑尾水闸门井的影响	
	尾水洞临界长度	尾水洞实际长度	尾水洞临界长度	尾水洞实际长度
D12	264.4	201.4	264.4	322.9
D11	273.9	201.4	273.9	322.9

3.3　招标阶段差动式调压室型式的确定

锦屏二级水电站引水隧洞超长，引用流量大，引水系统水体惯性巨大，发生水力瞬变时，由于水流惯性大，导致调压室内的涌波振幅较大，水位波动的持续时间也较长，选择合适的调压室型式是本工程设计的一项重要工作。根据类似工程经验和本工程实际情况，锦屏二级水电站上游调压室可以采用带上室的阻抗式或带上室的差动式，两种型式的调压室各有利弊。上游调压室型式的选择与优化，应根据该电站的特点，主要从水力学条件、电网调度及机组运行条件等方面综合考虑来分析其必要性和合理性，研究差动式调压室对引水发电系统水力学条件以及电网与运行条件等方面的改善程度，确定调压室优选的性价比和必要性。

3.3.1 采用差动式调压室的必要性

由于该工程引水隧洞超长，机组引用流量大，水流惯性巨大，上游阻抗式调压室不可避免出现波动周期长、振幅大、衰减慢等问题。引水系统水力过渡过程中仍存在以下现象。

（1）同一水力单元两台机组甩负荷后，上游调压室内水位波动衰减过慢。招标设计阶段阻抗式调压室过渡过程计算结果表明，同一水力单元两台机组甩负荷后 1h，上游调压室内仍存在 20 余米的水位波动幅值。图 3.3－1 为 D5 工况上游正常蓄水位 1646.00m 条件下两台机同时甩负荷后上游调压室内水位和流量变化过程曲线，可以看出在两台机组甩负荷后 3000～3600s 时间内，调压室内水位波动幅值达 22.9m。

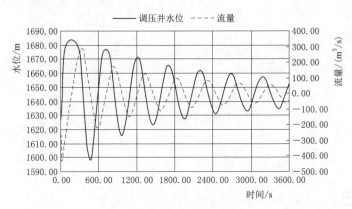

图 3.3－1　D5 工况上游阻抗式调压室在两台机甩负荷后水位、
流量变化过程曲线

（2）为防止上游调压室底板出现漏空而需设置较多的运行限制条件。招标设计阶段阻抗式调压室方案的水力瞬变过程计算结果表明，上游调压室在组合工况下存在漏空问题，必须设置机组的运行限制条件，如对同一水力单元机组连续开机的时间间隔、先甩后增时间间隔等进行限制。计算结果表明，一台机从空载增至 600MW 的最小增荷时间为 90s 时，上游阻抗式调压室存在的这一开机限制条件，无疑在一定程度上降低了将来电站运行的灵活性。

（3）不利工况下上游调压室涌波水位偏高，上室溢流量偏大。招标设计阶段阻抗式调压室方案的水力瞬变计算结果表明，在上游水位较高或不利组合的情况下，同一水力单元两机同时甩负荷所造成上涌波水位偏高，对邻近水力单元溢流量偏大。计算成果表明，D1 工况下调压室上室向相邻上室溢水量达

3175m³，Z11 工况下溢水量达 9715m³。

（4）同一水力单元两机组间的水力干扰比较严重。招标设计阶段阻抗式调压室方案的水力瞬变计算结果表明，若机组采用并网条件下频率调差的运行方式，一台机甩负荷将引起相邻机组短时最大出力达 170MW，超出力历时约280s，见图 3.3 - 2 (a)；若机组采用并网条件下自动调功运行方式，出力波动会缓和很多，最大出力仅 60MW，历时约 120s，但是上游调压室内水位衰减慢，波动时间较长，见图 3.3 - 2。受水力干扰影响的机组如果是满载运行，就会出现较严重的短时超载情况；此时如果机组过流整定不当，就会造成机组跳闸甩负荷，从而对系统造成进一步的冲击。

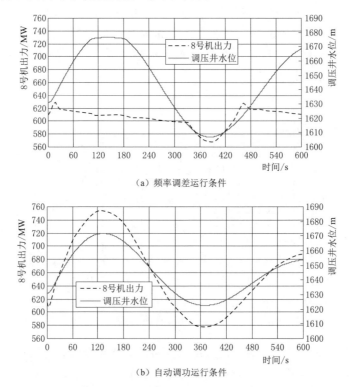

（a）频率调差运行条件

（b）自动调功运行条件

图 3.3 - 2　频率调差、自动调功运行条件 D4 工况 7 号机组
甩负荷对 8 号机组的影响

上述 4 个不利现象的根本问题在于引水隧洞长 16.67km，如果能采取措施减小上游调压室涌波振幅和波动衰减时间，电站运行条件和机组出力波动将会得到较大改善，对电网的影响也会减小。减小涌波振幅和衰减时间，通常采用两种解决方法：一种是增大调压室的稳定断面面积；另一种是改变调压室型式，也即是采用差动式调压室。

差动式调压室在水力性能上比阻抗式优越，主要体现在其波动衰减快上。波动衰减的最佳效果出现在负荷发生变化后的水位波动第一个周期内，此时升管大井存在水位差。当机组丢弃负荷后，升管水位的快速升高抑制了隧洞内从水库流向调压室的流量，在隧洞流量从调压室流向水库时，升管快速降低，又抑制了隧洞的反向流量。当机组增加负荷时，升管水位快速降低，加速了引水隧洞的流量增加过程，从而缓解了大井的水位降低。升管与大井的水位差在水位波动过程中也能起到一定的消耗水流能量的目的，随着升管大井水位差的逐渐减小，其水力性能逐渐趋向于阻抗式调压室。

锦屏二级水电站引水隧洞特长，调压室水位波动周期长，水位振荡衰减缓慢，采用差动式调压室对改善机组运行和控制条件是有利的；但差动式调压室会给升管隔墙和调压室底板带来较大的压差，在大井和升管布置在同一竖井结构中、隔墙高度又大且上游调压室底板没有条件降低的情况下，结构设计具有较大难度，因此采用差动式调压室结构设计难度较大。

通过对增加断面面积的阻抗式调压室涌波水位衰减、最高涌波水位、最低涌波水位等特性的计算研究，结果表明：阻抗式调压室将稳定面积增加到829m² 以上时，其涌波水位衰减特性才会有一定程度改善，但仍然达不到与差动式调压室相当的衰减度；要保证最低涌波水位与差动式调压室具有相当的水力特性，阻抗式调压室断面面积至少也要增加到 560～630m²。因此，在厂区枢纽和引水隧洞布置确定的情况下，以增加阻抗式调压室稳定面积来改善水力特性存在一定的难度；此外，竖井规模巨大，开挖支护难度高，且需要修改枢纽布置，工程投资也有较大增加。总体来看，增大阻抗式调压室稳定面积来改善调压室水力特性的方案可行性较差，需要重点研究差动式调压室方案。

3.3.2 差动式调压室的结构型式研究

差动式调压室利用升管和大井内的巨大水压差消减水力瞬变过程中产生的能量，降低大井水力瞬变振幅，优化涌波水位衰减率。相对于阻抗式调压室而言，虽然大井直径有所减小，但升管结构的复杂性导致差动式调压室体形更为复杂。水力瞬变初步计算结果表明，差动式方案调压室底板（隔板）处的压差值将达到 80.0m，调压室结构安全显得尤为突出。

从结构强度与稳定性看，上游调压室在 80.0m 的巨大水压差下，应力主要集中在底板、大井与升管间的隔墙底部、回流孔等部位，这些部位体型较复杂，应力集中现象显著。大井与升管间的隔墙、升管与升管间的中隔墩，这些部位的荷载及相应的应力应变随着高程的增加而减少，设计难度较小。上游调压室结构设计的关键在于提出满足结构强度要求、水力条件较优的体形结构布置型式。

综合已建、在建工程调压室的布置经验，同时基于不对原阻抗式调压室结构做过大改动的原则，上游差动式调压室的结构布置方案基本确定将升管和闸门井结合布置，并置于调压室大井结构外侧。差动式调压室将事故闸门槽兼做升管，在闸门井槽与大井之间设置钢筋混凝土隔墙，为满足 80.0m 的水压差荷载要求，经有限元初步计算，隔墙最小厚度取为 3.3m，且隔墙双向均为圆弧形，在正、反向压差荷载作用下均能形成拱效应，提高了承载能力。借鉴某电站差动式调压室分隔墩破坏的工程实例，在对其调压室体型失事工况进行反演计算分析的基础上，考虑该工程上游调压室与引水隧洞、下游高压管道的相互关系，将调压室两升管间的混凝土分隔墩间距取为 7.8m。该厚度可以保证在极端工况下分隔墩稳定安全，从而为调压室的结构安全性提供必要条件。

回流孔设在底板形成阻抗孔式回流孔，还是设置在升管与大井间的隔墙中，需要通过水力瞬变计算得出。在各压差值相当的前提下，升管隔墙设置回流孔方案有利于阻止升管可能发生的漏空，两方案之间的区别并不很大；三维有限元结构计算表明，两种设置方案均能满足强度结构强度要求。最终选择在升管与大井间的混凝土隔墙中设回流孔。

对于关键性的调压室底部结构布置，为增加调压室底板的结构强度和稳定性，提出调压室底部分流墩加长方案（方案一）和调压室底板顶面设置双层梁系方案（方案二）。

方案一：主要由调压室底部加长分流墩、底板、升管、升管隔墙、回流孔、调压室竖井、上室以及与事故闸门有关的闸墩、闸门检修和启闭平台、闸门后通气孔组成，见图 3.3-3。调压室竖井的下游侧布置两扇高压管道事故检修闸门，其闸门槽扩大后兼做升管。调压室竖井内径为 21.0m，断面面积为 346.35m²，升管面积为 68.98m²，大井与升管面积之和为 415.33m²。调压室底部流道宽 14m、高 7.5m，中间设分流墩将流道一分为二，分别接下游的高压管道，分流墩厚 2.0m。调压室底板高程为 1574.20m，底板厚 2.0m，底板上部设 2.0m 高上翻梁，井字形布置；回流孔设置于大井与升管间的分隔墙中，回流孔底部高程 1576.20m，直径 3.0m，回流孔总面积 14.13m²。升管由调压室大井和事故闸门槽间设置隔墙形成，升管隔墙厚 3.25m，水平向跨度 6m，堰顶溢流高程为 1670.00m。

方案二：结构布置采用底板＋双层上翻梁体系，见图 3.3-4。调压室竖井外径 23.0m，井壁厚 1.0m，其中 1573.20～1584.20m 高程段外径扩挖至 25.0m，内径不变。竖井底部流道宽 12m，高 7.5m，在分岔点分流后，分别接后面的高压管道。调压室底板高程 1574.20m，竖井底板厚 2.0m，底板上部设高 2.0m 上翻梁，井字形布置，第一层上翻梁上部设置第二层上翻梁，梁高 2.0m，井字形布置，两层上翻梁间采用高 2.0m 短柱连接；其余部位的结构布置与方案一基本一致。

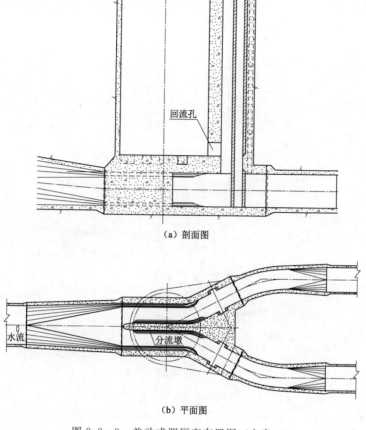

（a）剖面图

（b）平面图

图 3.3-3　差动式调压室布置图（方案一）

　　方案二在调压室底板上布置了多条正交上翻梁形成网状，该布置方案大大加强了底板强度，但是从调压室水力学的角度分析，越是靠近底部的容积，其抑制涌波的作用就越强，双层上翻梁体系占去大井下部的一部分有效容积，对差动式调压室的水力特性不利。

　　两方案调压室底部分岔段结构布置不同，在水流流态以及水头损失方面稍有不同。通过对两方案水力学仿真计算，成果表明：就流速分布而言，由于通长分流墩的影响，方案一水流在主洞内未进入分岔管之前就已经分开呈两股水流，流速较高；方案二主洞内没有布置分流墩，流道速度相对较低。就水头损失而言，方案一由于布置分流墩，致使水流高流速区增大，流态比较紊乱。经数值模拟计算，方案一底部分岔段水头损失系数为 0.40，方案二为 0.33，方案一水头损失稍大于方案二。

　　考虑水力学条件，比较两种方案的利弊，推荐采用调压室底部分流墩加长方案（方案一）。

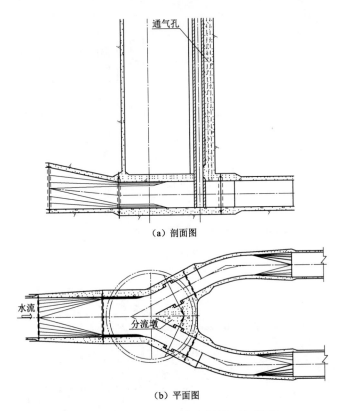

（a）剖面图

（b）平面图

图 3.3 - 4 差动式调压室布置图（方案二）

第4章 锦屏二级水电站水力模型试验理论和技术

4.1 水力模型试验研究的必要性

水电站输水发电系统水力瞬变研究中，水力模型试验是重要的研究内容。对于复杂结构的调压室，其调压室底部流道的水力损失系数、底板或升管阻抗孔口的阻抗系数、升管溢流堰的流量系数、带有长上室的调压室上室进排水特性等都需要通过水力模型试验来获得。同时调压室的最高涌波水位和最低涌波水位也可以通过输水系统整体模型试验来获得验证，特别重要的是，数学模型计算的准确性在很大程度上取决于模型中各参数的取值大小，而这些参数往往不仅与物理结构形状相关，还跟水力学流体的运动状态有关，通过水力物理模型试验研究，可以准确获知这些参数的大小和变化范围，以便更好地对数学模型进行验证和完善，因此开展水电站输水发电系统水力模型试验研究是十分必要的。

通常，输水发电系统的水力学模型试验分为局部模型试验和整体模型试验，局部模型试验的目的是采用较大尺寸的模型，以提高模型试验的测量精度和试验的准确性。整体模型试验的目的是观测输水发电系统在水力瞬变过程中的流态和变化过程，测量调压室涌波水位或输水系统的压力等，以提高电站整体输水系统设计的合理性。

4.2 水力模型试验理论

4.2.1 模型相似定律

水力模型试验涉及物理模型的设计建造和试验技术方案的选择和实施，要求模型和原型之间满足相似性要求，相似性主要体现在以下几个方面。

对于一个液流系统，表征液体流动现象的基本物理量一般可分为三大类：第一类是描述液流系统几何形状的量，如长度、面积、体积等；第二类是描述液流运动状态的量，如速度、加速度、流量、时间等；第三类是描述液体所受动力的量，如所受重力、压力等。因此，两个液流系统的相似特征，可用几何相似、运动相似和动力相似来描述。只有当模型水流和原型水流两种流动系统都可用相同的方程来描述，并且在相应点上的同名物理量，如速度、压强、各种作用力等具有各自的固定比例关系时，这两个流动系统才是相似的，原型和模型各参数之间的固定比例关系称为比尺。

1. 几何相似性

几何相似性就是原型和模型两种液流系统的几何形状相似，也就是原型和模型的任何一个相应线性长度保持一定的比例关系，几何相似有以下比例关系：

$$长度比尺：L_r = \frac{L_p}{L_m} \tag{4.2-1}$$

$$面积比尺：A_r = \frac{L_p^2}{L_m^2} = L_r^2 \tag{4.2-2}$$

$$体积比尺：V_r = \frac{L_p^3}{L_m^3} = L_r^3 \tag{4.2-3}$$

2. 运动相似性

运动相似性是在模型与原型几何相似的前提下，对应点上的运动学量之间各自的大小保持一定的比例，即要求原模型相应点上液流质点在相应的时间内其速度、加速度必须各自维持一定的比例，从而使这两个液流系统的流线几何相似，或者说两个流动的速度场（或加速度场）是几何相似的。运动相似的比例关系如下：

$$时间比尺：T_r = \frac{T_p}{T_m} \tag{4.2-4}$$

$$速度比尺：V_r = \frac{V_p}{V_m} = \frac{\dfrac{L_p}{T_p}}{\dfrac{L_m}{T_m}} = L_r T_r^{-1} \tag{4.2-5}$$

$$加速度比尺：a_p = \frac{a_p}{a_m} = L_r T_r^{-2} \tag{4.2-6}$$

$$流量比尺：Q_r = \frac{Q_p}{Q_m} = \frac{L_p^3 T_p^{-1}}{L_m^3 T_m^{-1}} = L_r^3 T_r^{-1} \tag{4.2-7}$$

3. 动力相似性

动力相似性是指在几何相似的前提下，模型与原型水流中相应点作用力的相似性，也就是对应点同名作用力平行，大小保持同一比值。如原型流动中有重力、阻力、表面张力的作用，模型流动中在相应点上也必须有这三种作用力。

几何相似性、运动相似性和动力相似性是两种液流系统保持完全相似的重要特性和基本条件，而且这三种相似是互相联系和互为条件的。几何相似是运动相似和动力相似的前提条件，动力相似是两液流系统实现运动相似的主导因素，而运动相似则可以认为是几何相似和动力相似的表现与结果，它们是一个统一的整体，缺一不可。

原型和模型流动相似，尽管它们尺寸不同，但都服从同一运动规律，并为同一物理方程所描述。

两个动力相似的系统都应遵守牛顿第二定律，由此可以得到两个系统的牛顿数相等：

$$\frac{F_p}{\rho_p L_p^2 V_p^2} = \frac{F_m}{\rho_m L_m^2 V_m^2} \tag{4.2-8}$$

式中：F 为作用力；ρ 为液体密度；$\frac{F}{\rho L^2 V^2}$ 为牛顿数，是作用力与惯性力之比；式 (4.2-8) 表示两个相似流动的牛顿数相等，即 $N_{ep} = N_{em}$。

牛顿数中的力只表示所有力的合力，具体到流体系统中，这些力可能是重力、黏滞力、压力等，因此两个系统动力相似应满足牛顿数相等只具有一般的意义，具体到某个系统中，需要根据系统应遵守的方程来推导具体的相似准则。

不可压缩流体遵守纳维-斯托克斯方程（N-S方程），可以推导出 4 个相似准则，它们分别是弗劳德数相等相似准则、雷诺数相等相似准则、欧拉数相等相似准则和斯特罗哈数相等相似准则，分别为

$$\frac{V_p^2}{g_p L_p} = \frac{V_m^2}{g_m L_m} \tag{4.2-9}$$

$$\frac{V_p L_p}{v_p} = \frac{V_m L_m}{v_m} \tag{4.2-10}$$

$$\frac{p_p}{\rho_p V_p^2} = \frac{p_m}{\rho_m V_m^2} \tag{4.2-11}$$

$$\frac{L_p}{V_p T_p} = \frac{L_m}{V_m T_m} \tag{4.2-12}$$

不同水流现象中作用于质点上的力是不同的，一般的水流总是同时作用着几种力，要想同时满足各种力的相似是很困难的，甚至是不可能的。实际上，很多实际工程问题中，流体运动中的某些作用力常不发生作用或影响甚微，故可仅仅考虑某一种主要作用力的相似，从而得出原型和模型之间各量的相似定律，即单项作用力下的模型相似定律。

（1）重力相似准则（弗劳德模型定律）。如果原型和模型流动的主要作用力为重力，将次要力影响忽略不计，按原型与模型动力相似的必要条件：

$$Fr_r = \frac{V_r}{\sqrt{g_r L_r}} = 1$$

Fr 为水流重力特性的参数（弗劳德数），考虑重力为主要作用力而设计模型时，其相似条件即原型与模型的 Fr 必须相等。

重力相似定律各参数比例为

$$速度比尺：V_r = \frac{V_p}{V_m} = L_r^{0.5} \tag{4.2-13}$$

$$流量比尺：Q_r = \frac{Q_p}{Q_m} = L_r^{2.5} \tag{4.2-14}$$

$$时间比尺：T_r = \frac{T_p}{T_m} = L_r^{0.5} \tag{4.2-15}$$

$$力的比尺：F_r = \frac{F_p}{F_m} = \rho_r L_r^3 \tag{4.2-16}$$

$$压强比尺：p_r = \frac{p_p}{p_m} = \rho_r L_r \tag{4.2-17}$$

$$功的比尺：W_r = \frac{W_p}{W_m} = \rho_r L_r^4 \tag{4.2-18}$$

$$功率比尺：N_r = \frac{N_p}{N_m} = \rho_r L_r^{3.5} \tag{4.2-19}$$

由于受重力作用，具有自由液面的流动现象在实际工程水力学中占主要位置，如堰坝溢流、孔口出流、明槽流动、紊流阻力平方区的有压管流与隧洞流动等，故水工模型试验中，弗劳德模型定律的应用范围远较其他模型定律为广。

（2）阻力相似准则。阻力相似准则可以表达为

$$\frac{Fr_p}{Fr_m} = \frac{J_p}{J_m} \tag{4.2-20}$$

式中：Fr 为弗劳德数，J 为水力坡度。

根据水流是紊流或层流，分别讨论如下：

1）对于阻力平方区紊流水流，若要求 $J_p = J_m$，可以推求出就是原模型弗劳德数相等，所以只要原型与模型相对粗糙度相等，即 $\frac{\Delta_p}{R_p} = \frac{\Delta_m}{R_m}$，就可用弗劳德数准则设计模型，如用曼宁公式计算阻力系数，则糙率比尺 $n_r = L_r^{\frac{1}{6}}$，按照这样的糙率比尺，采用弗劳德数准则设计的模型在阻力平方区的阻力是自动相似的，这也是水工模型试验中采用重力相似准则较多的原因之一。

2）对于层流，若要求 $J_p = J_m$，可以推求出原模型的雷诺数相等，即 $Re_p = Re_m$，所以对于黏滞力为主要作用力的水流，应保证雷诺数相等，也就

是按雷诺数相似准则设计模型，或称黏滞力相似定律。

若原模型为同一种液体，由雷诺数相似准则推求出的各物理量比尺为

$$速度比尺: V_r = \frac{V_p}{V_m} = L_r^{-1} \tag{4.2-21}$$

$$流量比尺: Q_r = \frac{Q_p}{Q_m} = L_r \tag{4.2-22}$$

$$时间比尺: T_r = \frac{T_p}{T_m} = L_r^2 \tag{4.2-23}$$

$$力的比尺: F_r = \frac{F_p}{F_m} = \rho_r \tag{4.2-24}$$

$$压强比尺: p_r = \frac{p_p}{p_m} = \rho_r L_r^{-2} \tag{4.2-25}$$

$$功的比尺: W_r = \frac{W_p}{W_m} = \rho_r L_r \tag{4.2-26}$$

$$功率比尺: N_r = \frac{N_p}{N_m} = \rho_r L_r^{-1} \tag{4.2-27}$$

（3）压力相似准则（欧拉模型定律）。压力相似准则可以写为

$$Eu_r = \frac{p_r}{\rho_r V_r^2} = 1 \text{ 或 } \frac{p_p}{\rho_p V_p^2} = \frac{p_m}{\rho_m V_m^2} \tag{4.2-28}$$

根据压力相似准则，可以推求出各物理量的比尺。

（4）惯性力相似准则。非恒定流中，水力要素是随时间变化的，惯性力往往起主要作用，根据惯性力相似准则，可以得到原模型的斯特罗哈数相等，表达式为

$$\frac{V_p T_p}{L_p} = \frac{V_m T_m}{L_m} \text{ 或 } S_{tp} = S_{tm} \tag{4.2-29}$$

根据惯性力相似准则，可以推求出各物理量的比尺。

（5）弹性力相似准则（柯西模型定律）。若主要作用力是弹性力，例如水击压力，可以得到弹性力相似准则，也称柯西模型定律，其表达式为

$$\frac{\rho_p V_p^2}{K_p} = \frac{\rho_m V_m^2}{K_m} \text{ 或 } C_{ap} = C_{am} \tag{4.2-30}$$

根据弹性力相似准则，可以推求出各物理量的比尺。

（6）表面张力相似准则（韦伯模型定律）。毛细管中的水流表面张力是起主要作用的力，按照牛顿数相等可以推求出韦伯数相等，其表达式为

$$\frac{\rho_p L_p V_p^2}{\sigma_p} = \frac{\rho_m L_m V_m^2}{\sigma_m} \text{ 或 } We_p = We_m \tag{4.2-31}$$

根据表面张力相似准则，可以推求出各物理量的比尺。

表面张力定律很少应用于水工模型试验，流体运动中如土壤中的毛细管现象即为表面张力现象。在水工模型试验中，当水流的表面流速大于0.23m/s，并且水深大于3cm时，表面张力的影响可忽略不计。

模型比例的倒数习惯上称为模型缩尺，有时也会将缩尺称为比尺，如比尺为50的模型，习惯上也称比尺为1:50的模型。在水工模型制造中必须遵循的基本法则是尽可能在工艺上保证几何相似性。原型和模型三维线性长度比尺完全相同的模型称为正态模型，所以正态模型是几何形状完全相同的模型。如果由于某些原因，不能做到三维线性长度比尺完全相同，但是各比尺之间仍然保持一定的制约关系，以保证原型和模型两个系统的流动是相似的，这样的模型称为变态模型。因此变态模型的几何形状与原型并不完全相似，但其三维线性比尺并不是任意确定的，需要满足一定的模型率。由于变态模型无法达到完全几何相似，从而可能导致局部水流运动的某种程度的变态，试验时必须做到心中有数，以免产生过大的试验误差。原则上建议水工模型试验尽可能采用正态模型，但在有些情况下，客观条件不允许或难以实现的情况下可以采用变态模型，如长河道的水工模型，由于比尺缩小，模型水流达不到阻力平方区，受场地限制，可能将线性比尺取得过小，要满足阻力相似，就必须使原模型雷诺数相等，这在一般满足重力相似的模型中是难以实现的，为此模型设计时纵向比尺和横向比尺取不同的值，这样可增加雷诺数，使其达到阻力平方区，并且这种变态后，模型水深增加也避免了表面张力的影响。

4.2.2 输水系统模型试验理论和相似定律

设计超长大型复杂水电站输水发电系统模型时，往往受到试验场地和工程规模的制约，尤其是像锦屏二级水电站这样具有超长引水隧洞的水电站，模型设计过程中，首要解决的问题是采用什么样的比尺来设计模型。通常情况下会首选正态模型，也就是三维比尺相同的模型，完全按照几何相似来布置，这样的模型设计思路对于隧洞长度较短的水电站是可行的，尤其是对于一些尾水系统的调压室试验，因输水隧洞长度较短，即使采用1:50或1:100的正态模型，其模型尺寸也可以控制在合理的范围之内。但是对于引水隧洞超长，调压室规模巨大的复杂水电站输水系统，采用正态模型率设计模型就难以完成，如锦屏二级水电站隧洞长度达16.67km，压力钢管长度518.93m，尾水洞长度203.22（1号水力单元），加上水库、厂房机组段和尾水，再考虑模型供水系统和测量设备，如果采用1:50正态模型，实际需要的试验场地长度至少需要380m，即使采用1:100的正态模型，也需要长200m、宽10m左右的试验场地才能满足布置要求，通常的室内试验场地都难以达到要求，并且模型体积庞大，造价昂贵。显然，对于具有超长隧洞、布置复杂或者平面转弯尺寸较大的电站输水发电系统，采用正态模型有一定的难度，有必要研究采用变态模型的试验方法。

水电站输水系统中的两个重要方程是引水隧洞的运动方程和调压室的连续方程，它们是两个常微分方程，形式分别是：

$$运动方程：\frac{L}{gA}\frac{dQ}{dt}=Z-h_w-h_j-h_k \tag{4.2-32}$$

$$连续方程：\frac{dZ}{dt}=\frac{1}{F}(Q-Q_t) \tag{4.2-33}$$

其中
$$h_w=\frac{n^2L}{R^{\frac{4}{3}}A^2}Q^2 \tag{4.2-34}$$

$$h_j=\sum\xi_i\frac{Q^2}{2gA^2} \tag{4.2-35}$$

$$h_k=\frac{Q_s^2}{2g\mu^2\omega^2}=\xi\frac{Q_s^2}{2g\omega^2} \tag{4.2-36}$$

式中：Z 为水库水位与调压室水位之差；h_w 为引水隧洞的水力损失；n 为引水隧洞糙率值；R 为水力半径；h_j 为从隧洞进口至调压室的总局部水力损失；h_k 为水流流经调压室阻抗孔口时的水力损失；Q 为引水隧洞的流量；L 为引水隧洞长度；A 为引水隧洞面积；F 为调压室截面积；Q_t 为水轮机引用流量；ξ 为阻抗孔口损失系数；μ 为流量系数；ω 为阻抗孔口面积；Q_s 为通过阻抗孔口进入调压室的流量，$Q_s=Q-Q_t$。

将原型电站引水系统各变量用下标 p 来表示，模型引水系统各变量用下标 m 来表示，它们之间的比例用下标 r 来表示，例如 L_r 表示原型隧洞长度与模型隧洞长度之比，并且 $L_p=L_rL_m$；Q_r 表示原型流量与模型流量比，$Q_p=Q_rQ_m$；Z_r 表示原型调压室水位与模型调压室水位比，$Z_p=Z_rZ_m$；其他参数类似。

因为原型电站引水系统各参数需要满足基本方程式（4.2-32）和式（4.2-33），模型引水系统各参数也需要满足基本方程式（4.2-32）和式（4.2-33），分别写出原型和模型的基本方程，并且考虑原型和模型各参数之间的比例关系，可以得到下列几个比尺关系表达式：

$$\frac{L_rn_r^2}{R_r^{\frac{4}{3}}A_r^2}Q_r^2=\frac{L_rQ_r}{g_rA_rt_r}=Z_r=\sum\xi_{ir}\frac{Q_r^2}{g_rA_r^2}=\xi_r\frac{Q_{sr}^2}{\omega_r^2} \tag{4.2-37}$$

$$Q_r=F_r\frac{Z_r}{t_r}=Q_{tr} \tag{4.2-38}$$

表达式（4.2-29）和式（4.2-30）就是输水系统调压室整体水力模型试验比尺应遵守的定律，称之为输水系统调压室水力学模型试验的模型率，也是进行输水系统整体模型试验的理论依据。

4.2.3　调压室模型试验模型率的选取方法

根据输水系统整体模型试验的模型率表达式（4.2-37）和式（4.2-38），设引水隧洞直径为 D，调压室直径为 D_s，隧洞内流速为 V，考虑到 $L_r = V_r t_r$，$Q_r = D_r^2 V_r$，$A_r = D_r^2$，$F_r = D_{sr}^2$，$R_r = D_r$，$g_r = 1$，可以得到调压室模型设计时应遵守的关系式为

$$\frac{D_r^2 V_r}{Q_r} = 1 \qquad\qquad (4.2-39)$$

$$\frac{L_r n_r^{\,2}}{D_r^{4/3}} = 1 \qquad\qquad (4.2-40)$$

$$\frac{Q_r t_r}{D_{sr}^2 Z_r} = 1 \qquad\qquad (4.2-41)$$

$$\frac{V_r t_r}{L_r} = 1 \qquad\qquad (4.2-42)$$

$$\frac{V_r^2}{Z_r} = 1 \qquad\qquad (4.2-43)$$

方程式（4.2-39）～式（4.2-43）有时也称为调压室模型试验的模型率，其中共有 8 个变量，分别是 D_r、D_{sr}、L_r、Q_r、n_r、Z_r、V_r、t_r，模型率只有 5 个方程，理论上可以有 3 个自由变量确定比尺，但是引水隧洞糙率比尺是由模型所用材料和加工精度决定的，不能任意选取，例如通常采用有机玻璃材料，n_r 就基本是一个定值，这样实际上只有两个变量可以自由选取。通常有两种选择方式，一是选择隧洞直径比尺和调压室直径比尺一致，即 $D_r = D_{sr}$，其他各参数比尺由模型率式（4.2-39）～式（4.2-43）求出来，这样做的结果可能是 $D_{sr} \neq Z_r$，也就是调压室高度比尺和直径比尺不同，井身是变态的；另一种选择是将井身设计成正态的，即选择 $D_{sr} = Z_r$，其他参数比尺同样由式（4.2-39）～式（4.2-43）求出来，这样做的结果可能是 $D_r \neq D_{sr}$，也就是隧洞直径比尺和调压室井筒直径比尺不一致。无论采用哪种方法，对于调压室涌波水位试验都是可行的，不会影响最终的试验精度。

4.2.4　不同形式的调压室模型率的选择

从上述调压室模型率的理论推导可以看出，如果调压室井筒从上至下是比较规范的形状，例如圆筒形或矩形，选择 $D_r = D_{sr}$ 或 $D_{sr} = Z_r$，也就是不管井身是变态的或正态的都不会影响模型加工和试验精度，但是如果调压室带有比较长的上室或下室，因为上室和下室中的水流是水平方向流动，上室的比尺如何选择可能会影响水位波动过程，因此实际应用中对圆筒形阻抗式调压室和差动式调压室，上述两种模型设计方法都有采用。对于具有长上室或长下室的水

室式调压室，或带有长上室的其他形式调压室，如锦屏二级水电站带有长上室的差动式调压室，理论上应选择 $D_{sr}=Z_r$，也就是应保证井身是正态的，这样长上室的比尺就可以采用与井筒直径相同的比尺，而 $D_r \neq D_{sr}$，也就是隧洞直径比尺和调压室直径比尺不相同，这样的整体模型不仅应保证引水隧洞的总阻力损失相似，还应保证进入和流出调压室阻抗孔口的阻力相似。

对于阻抗孔口，其流量公式为

$$Q_r = \phi_r \omega_r Z_r^{1/2} \qquad (4.2-44)$$

式中：ϕ_r 为流量系数比尺，只要保证原模型几何相似，阻力平方区的流量系数相同，$\phi_r=1$，因此 $\omega_r = \dfrac{Q_r}{Z_r^{1/2}} = D_r^2$，也就是调压室底板上的阻抗孔口直径比尺应采用引水隧洞直径比尺，这是设计这类调压室模型需要注意的关键事项。

此外，像锦屏二级水电站差动式调压室升管顶部设置有溢流堰，其溢流公式为

$$Q_r = M_r B_r h_r^{3/2} \qquad (4.2-45)$$

式中：M_r 为原模型溢流系数比尺，原模型几何相似，$M_r=1$；h_r 是溢流堰的堰上水头原模型比尺，$h_r=Z_r$，因此 $B_r = \dfrac{Q_r}{Z_r^{3/2}} = \dfrac{D_r^2}{Z_r}$；对于井身是正态的模型，$B_r = \dfrac{D_r^2}{Z_r} = \dfrac{D_r^2}{D_{sr}}$，也就是溢流堰的长度比尺可能与井筒直径比尺不同，这也是带有溢流堰的调压室模型设计需要特别注意的关键事项。

4.2.5 输水发电系统水锤模型试验探讨

1. 水锤模型试验的模型率理论依据

水电站输水发电系统水锤模型试验模型率的理论依据是瞬变流的基本方程：

$$\frac{\partial v}{\partial t} + v\frac{\partial v}{\partial x} + g\frac{\partial H}{\partial x} + \frac{fv|v|}{2d} = 0 \qquad (4.2-46)$$

$$\frac{\partial H}{\partial t} + v\frac{\partial H}{\partial x} - v\sin\alpha + \frac{a^2}{g}\frac{\partial v}{\partial x} = 0 \qquad (4.2-47)$$

式中：H 为从基准面起算的断面测压管水头；v 为断面平均流速；x 为沿水流方向的管段距离；g 为重力加速度；f 为沿程损失系数；d 为压力钢管管径；a 为水锤波速；t 为时间。

方程式（4.2-45）和式（4.2-47）既适用于引水隧洞，也适用于压力钢管和尾水系统的有压流。

根据水电站原型和模型都应该满足上述方程，可以推求出水电站水锤模型试验的模型率，分别是

$$\frac{x_r}{a_r t_r} = 1 \qquad\qquad (4.2-48)$$

$$\frac{v_r}{a_r} = 1 \qquad\qquad (4.2-49)$$

$$\frac{a_r v_r}{g_r H_r} = 1 \qquad\qquad (4.2-50)$$

$$\frac{g_r x_r n_r^2}{d_r^{4/3}} = 1 \qquad\qquad (4.2-51)$$

2. 水锤模型试验的模型率选取讨论

根据水锤基本方程得到的方程式（4.2-48）~式（4.2-51）是水锤模型试验应遵守的一般准则，其中，重力加速度比尺 $g_r=1$，对于引水系统整体模型试验，结合调压室模型试验的模型率要求，$H_r=Z_r$，$x_r=L_r$，$x_r=L_r$，$d_r=D_r$，$a_r=v_r$，Q_r 和 t_r 也应与调压室模型试验率中的一致。由于水锤波速比尺是由模型高压管道材料和支撑方式决定的，只要选定了模型管道的材料，比如采用常见的薄壁可自由伸缩的有机玻璃管道来模拟压力钢管，其波速比尺基本就是固定的数值，可能的范围为 4~5。因此严格来说，按照水锤模型试验的模型率来设计水锤试验模型，模型的流速比尺和水头比尺就没有太多的选择余地，水头比尺要达到 a_r^2，也即 16~25，很显然这样大尺寸的正态模型只有对引水隧洞和高压管道较短的水电站才有可能建造，像锦屏二级水电站这样长距离大尺寸的引水系统，几乎不可能建造 1:16 这样大尺寸的正态模型，除非能够找到比有机玻璃波速更低的模型试验材料，并且要求能够方便加工，这样的材料目前还没有发现。这也是水锤模型试验面临的难题之一，也是实际工程中大比尺（原型/模型）水锤模型试验装置精度较差的重要原因之一。尽管如此，水锤模型试验还是可以近似来模拟，例如放弃水锤波速的相似要求，只满足动力相似条件，不过这些处理方法可能会由于时间比尺的过大，造成模型机组关机时间过短而难于精确操作和测量。虽然大型水电站水锤模型试验存在各种困难和多种制约因素，实际工程研究中还是可以进行一些有益的探索，比如考虑到调压室已经可以充分反射水锤波，这样可以将调压室下游侧高压管道和机组部分单独采用大尺寸的模型来专门进行水锤模型试验，也就是将引水隧洞和调压室的模型试验与高压管道的水锤模型试验分开进行，并且分别采用不同的模型率，或者将二者结合在一个整体模型中，对试验成果中哪些量是精确模拟量，哪些量是近似模拟量进行正确分析，然后再用数学模型进行验证和修正，这样的研究方法既可以节约成本，也能对实际工程具有很好的指导性意义。

4.3 锦屏二级水电站调压室水力模型试验研究

4.3.1 调压室单体模型试验

　　锦屏二级水电站输水发电系统模型试验研究贯穿于整个设计过程中，从可行性研究阶段的阻抗式调压室方案到技施阶段的差动式调压室方案均进行了模型试验研究验证工作，这些研究不仅为输水发电系统数学模型计算提供了实测数据依据，而且对最终调压室的型式选定和完善数学模型提供了支撑。回顾锦屏二级水电站的输水发电系统模型试验过程，对试验中的经验和成果进行总结，对今后水电站的设计和科学研究是有益的。

　　预可行性研究阶段和可行性研究阶段推荐的调压室型式是阻抗式，并且尾水也设置了尾调，在这个阶段就上游阻抗式调压室和尾调的水力参数进行了单体正态模型和整体变态模型试验研究。主要测量了水流进出调压室的阻抗系数，超长上室与竖井汇口溢流堰的正反向溢流系数，机组对称运行和不对称运行时调压室底部的损失系数等水力学参数，并对主要研究工况的整体调压室水位波动过程进行了测量，并与数学模型计算成果进行了对比分析。为确保试验精度和水流达到阻力平方区，单体模型采用重力相似准则设计，也就是原模型弗劳德数相等的模型设计准则，单体正态模型比尺1：100。试验照片见图4.3－1～图4.3－4。

图4.3－1　可行性研究阶段阻　　　　图4.3－2　上室汇口溢流堰正向溢流
　　　　　抗式模型

　　无论是测量调压室阻抗系数还是测量调压室底部的水力损失系数，都需要选择量测断面，量测断面的选取应尽量选择在靠近测量部位且流速均匀、距离测量部位5倍管径以上的直管段，最好沿管道周向对称布置4个测点，读取4个测压管数据的平均值，这样可以减小流速不均引起的误差。试验时流量依次逐渐增大，取多组试验数据的平均值作为最终试验结果。水电站机组丢弃负荷后，水流进入调压室的方向是从上游隧洞流入调压室，而流出调压室的水流是

图 4.3-3　上室汇口溢流堰反向溢流　　图 4.3-4　预可行性研究阶段尾调
阻抗系数试验

从调压室流入隧洞。机组开机时流出调压室的水流方向是从调压室流入压力钢管。因此通过阻抗孔口流入调压室的流量系数（或损失系数）仅有一个方向，而流出调压室的流量系数有两个方向。模型设计时需要在调压室井筒外壁开孔连接进出水流的管道，才能测量这些流进和流出的水力学参数。

锦屏二级水电站可行性研究阶段阻抗式调压室流进调压室阻抗孔口的流量系数实测平均值为 0.625，从调压室流出进入隧洞的流量系数实测平均值为 0.778，流出调压室进入单压力钢管（不对称运行）的流量系数平均值为 0.584，流出调压室进入双压力钢管（对称运行）的流量系数平均值为 0.661。不对称运行水流经过阻抗式调压室底部的损失系数平均值为 3.940，对称运行损失系数平均值为 0.678。溢流堰正向溢流系数实测平均值为 0.373，反向溢流系数为 0.377。流入矩形尾水阻抗式调压室的流量系数 0.533（尾水隧洞流入尾调），流出尾水调压室（尾调流入尾水隧洞）的流量系数为 0.438。这

图 4.3-5　差动式调压室
单体模型

些模型试验结果为锦屏二级水电站工程调压室选型水力计算提供了真实可信的第一手数据资料，也可为其他调压室水力计算提供借鉴。

技施阶段在可行性研究阶段研究的基础上，为提高调压室水位波动的衰减率，充分发挥调压室的功能和水力性能，经充分论证将调压室的型式由阻抗式调整为带上室的差动式，针对巨型差动式调压室的结构特点，华东院委托四川大学开展了巨型差动式调压室的水力模型试验研究工作，采用 1：50 的比尺建造了正态调压室单体模型，实测了水流进出差动式调压室底板阻抗孔口的阻力系

数和流量系数，测量了升管顶部溢流孔口的溢流系数，根据调压室底部分岔情况测量了机组对称运行和非对称运行时的调压室底部水力损失系数，差动式调压室单体模型试验装置见图4.3-5；同时开展了巨型差动式调压室CFD模拟计算研究工作，CFD计算模拟范围见图4.3-6。

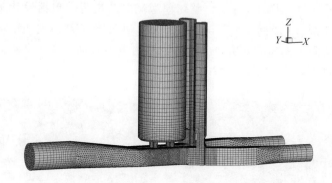

图4.3-6　差动式调压室CFD计算模型

技施阶段差动式调压室的单体模型试验测量的主要水力学参数：水流进入升管的阻力系数平均值为1.643，水流流出升管的阻力系数平均值为2.145，底板阻抗孔口流入调压室的阻力系数平均值为1.99（流量系数为0.709），底板阻抗孔口流出调压室的阻力系数平均值为1.33（流量系数为0.867）。升管顶部溢流孔溢流系数平均值：升管溢入大井0.50，大井溢入升管0.53。差动式调压室底部阻力系数平均值：对称双机运行0.42，不对称单机运行2.55。上述调压室模型试验成果经过CFD三维流场计算得到了验证。

锦屏二级水电站输水发电系统模型试验成果可参考《锦屏二级水电站可研阶段引水发电系统水工水力学模型试验研究报告》及《锦屏二级水电站技施阶段引水发电系统水力过渡过程模型试验研究报告》。

4.3.2　输水系统整体变态模型试验

锦屏二级水电站由于引水隧洞超长，差动式调压室带有长上室，并且整个输水系统布置规模巨大，属于不得不采用变态模型试验的典型水电站，根据前述的模型试验理论和方法，采用变态模型设计建造了锦屏二级水电站输水发电系统整体模型试验装置，整体模型装置、差动式调压室细部模型及尾水系统模型见图4.3-7～图4.3-

图4.3-7　输水系统整体模型

10，整体变态模型主要参数的比尺为：引水隧洞直径比尺1：70，长度比尺1：204.08，隧洞糙率比尺1：1.19，差动式调压室井筒比尺1：100，调压室高度及水位比尺1：100，流速比尺1：10，压力钢管直径比尺1：100，时间比尺1：20.41，流量比尺1：49000。水位及压力测量采用计算机数据采集系统实时测量采集，见图4.3-11。整体模型试验共进行了包括设计工况、校核工况和组合工况在内的22个工况试验测量，并开展了差动式调压室升管底部是否需要设置阻抗的试验研究，为锦屏二级水电站差动式调压室的最终选择和结构设计提供了有力的技术支撑。

图4.3-8　差动式调压室上室模型　　图4.3-9　差动式调压室闸门检修
　　　　　　　　　　　　　　　　　　　　　　　　　平台排架

图4.3-10　水电站尾水系统模型　　图4.3-11　模型数据测量采集

　　在整体模型试验装置上模拟了设计工况、校核工况和组合工况的大波动过渡过程，并与数学模型计算成果进行了对比分析。试验表明，差动式调压室升管顶部的溢流孔口工作正常，孔口面积和溢流堰长度满足两台机组丢弃负荷后的溢流要求。差动式调压室模型D5工况的水位波动试验曲线见图4.3-12，其他各工况的试验结果和曲线可参考《锦屏二级水电站技施阶段引水发电系统水力过渡过程模型试验研究报告》。

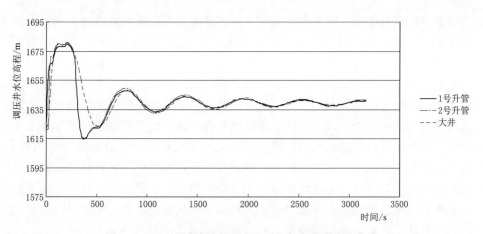

图 4.3 - 12　差动式调压室 D5 工况水位波动试验曲线

4.4　小结

　　锦屏二级水电站输水系统整体模型试验基本反映了引水隧洞和调压室中的水流过渡过程运动状态，对于大型复杂输水系统，是十分有益的，不仅能够提供数学模型计算所需的基础数据，而且也可以对数学模型进行验证。物理模型试验和数学模型计算各有利弊，它们可以起到互为补充完善的作用。特别是对于一些数学模型不能反映的现象，如通气孔水位变化、溢流堰溢流过程、调压室长上室中的水流横向流动等提供了直接观测水流状态的最好途径，方便局部结构设计的改进，并且试验重复性很好，证明了物理模型试验理论的正确性和实用性。

　　设计输水系统整体模型试验装置时，预估材料的糙率值是模型设计中需要重点关注的问题之一，因为物理模型一旦设计加工完成，若模型糙率偏小，需要增大糙率，可以采取适当的措施来实现，如增加一些局部阻力。反之若模型糙率偏大，需要减小糙率，则基本没有办法可以解决。同时也应当对模型试验成果的精确度有充分的认识，准确把握输水发电系统水力过渡过程物理模型试验的目的和核心内容，正确分析试验成果误差，例如对模型试验中丢弃负荷的工况，最高涌波水位即第一个波峰值，物理模型试验值与数模计算值基本接近，两者十分吻合，但从第二个波谷开始，最低涌波水位试验值和计算值会有比较大的差异，这是因为引水道的沿程损失系数与流态有关，当引水道中的流速较低时，沿程损失系数和局部损失系数会增加，只有水流处于阻力平方区的情况下，其损失系数才是基本恒定不变的常数，而在输水发电系统水流波动过程中，当调压室水位达到最高或最小值时引水道内的流速最低，因此理论上损失系数也是非恒定的，由于非恒定流的损失系数还没有一个比较完整和系统的理论来直接解析计算，因此数学模型计算时沿程损失系数和局部损失系数采用的是常量，水位波动的时间会较长，而物理模型试验的水位波动衰减相对较快，越是后面的波峰和波谷，物理模型试验水位值和计算值差别越大，对超长引水隧洞的水电站尤其如此。然而，物理模型试验不能解决所有问题，受模型材料和模型率比尺要求制约，大比尺（小尺寸）引水系统模型中准确模拟水锤波速具有一定的困难，因而水锤试验结果只能是近似的，需要通过数学模型来修正。另外，即使是整体模型试验，要完全模拟机组的运行状态也十分困难，因为输水发电系统整体模型试验不可能做到水轮机制造厂水轮机模型试验那样大尺寸的转轮，况且发电机转动惯量的准确模拟也存在困难，所以关于输水发电系统整体模型试验是否需要带机组来模拟，仅从输水发电系统模型试验的目的和经济性来看，若能做到模拟水轮机蜗壳流道就足够了。

对于像锦屏二级这样具有超长引水隧洞的水电站，可以按照调压室模型试验的模型率设计模型，确保调压室涌波水位的模拟是准确的。如要准确进行水击模拟，可以将高压管道和机组部分单独分离出来，采用较小的比尺得到更大尺寸的正态模型，精确模拟水锤波速和关机规律，但是这样大尺寸的模型造价昂贵。工程实践中，采用将调压室模型率与水锤模型率相结合，放弃水锤波速相似，保证动力相似，对水击模拟采用数学模型进行验证和修正，实践证明这样的研究方法是可行的，对实际工程具有很好的指导性意义。水电站输水发电系统水力模型试验的理论和方法被成功应用于锦屏二级水电站，为今后类似工程的模型试验积累了宝贵的经验。

水电站输水发电系统运行安全是水力设计的第一要求，需要正确分析水电站不同水库运行水位下的机组引用流量特征，特别是对于水库消落深度变化较大的水电站，需要制定合理的模型试验工况。对于具有复杂结构的大型差动式调压室，模型试验和水力计算不仅应关注其水位变化过程中的最大值和最小值，而且应关注升管和大井的水位差变化过程及其最大值和最小值，设计取值时还应考虑适当的安全裕度，同时调压室底板的压力差和通气孔的水位变化也应引起足够的重视，只有准确掌握包括特殊组合工况在内的输水发电系统各种可能运行工况的水力特性，才能全面掌控输水发电系统的运行安全。

第5章 输水发电系统水力瞬变研究

锦屏二级水电站上游调压室是已建水电工程中规模最大的差动式调压室，也是世界上首屈一指的差动式调压室洞群，具有体积大、结构复杂、运行过程中水流惯性力巨大等特点。历经上游调压室采用差动式型式后的体型优化、细部优化设计、水力学模型试验复核、技施蓝图设计、现场施工、充排水试运行、并网运行发电等多个过程。

水力瞬变计算分析的核心之一是水击计算分析，其主要任务如下：

（1）计算有压输水管道及调压系统（水电站、抽水蓄能电站、泵站、供水管网、火电厂或核电厂冷却管网，有压输油管网等）各工况系统内的最大水击压力、极值涌波水位、传播速度和传播方式，以此作为压力管道、调压设备、水泵和水轮机蜗壳和叶片等重要部件设计和校核、电站调压系统结构甚至厂房等主要建筑结构设计的依据。

（2）计算输水系统内水力瞬变过程中的最小压强值和发生部位，以此作为布置压力水管路线（防止压力水管内发生真空，产生水柱分离现象）和检验尾水管内真空度的依据。

（3）研究水击现象与机组运行规律之间的关系，研究水力瞬变过程对机组转速的影响以及与机组运行稳定性的关系。

（4）研究减小水击压力和预防水击破坏的措施，制定相应的电站运行和操作规程，为制定事故应急预案提供依据。

5.1 输水发电系统水力瞬变计算工况研究

5.1.1 大波动计算工况研究

1．《水电站调压室设计规范》（NB/T 35021—2014）中有关调压室水力计算工况规定

（1）上游调压室最高涌波水位：按上游正常蓄水位时，共用同一调压室的全部机组满载运行瞬时丢弃全部负荷作为设计工况；按上游校核洪水位时，相应工况作校核工况。

（2）上游调压室最低涌波水位：上游死水位时，共一调压室的 n 台机组由（$n-1$）台增至 n 台或全部机组由 2/3 负荷突增至满荷载，并复核上游死

89

水位时共一调压室的全部机组瞬时丢弃全部负荷的第二振幅。对可能出现的涌波叠加不利工况进行复核。

2.《水电站压力钢管设计规范》（NB/T 35056—2015）水锤压力计算工况规定

（1）正常运行情况最高压力计算：钢管水锤压力计算，相应于水库正常蓄水位，经由本钢管供水的全部机组突然丢弃全部负荷。调压室最高涌波压力计算，相应于水库正常蓄水位，经由本调压室供水的全部机组突然丢弃全部负荷。钢管水锤最高压力与调压室最高涌波如可能重叠，尚应考虑其相遇效应。对于单机单管的情况，要计算可能的小开度下丢弃负荷的水锤压力。

（2）特殊运行情况最高压力计算：丢弃负荷条件同上，相应于水库最高发电水位。

（3）最低压力计算：钢管水锤压力计算，相应于水库死水位，经由本钢管供水的全部机组处于一台机组未带负荷，其余机组都在满发的工况时，这一台机组由空转增荷至满发。

3. 大波动计算工况主要根据相关设计规范拟定

工况拟定过程中需寻找各种状况下的调保极值情况，并根据大波动瞬变流中事件发生概率的大小，按如下原则分级制定设计和校核两类计算工况，以期与水工建筑物荷载设计相适应。

（1）设计工况：正常蓄水位或死水位下仅考虑一次偶发事件或设备故障工况，具体工况见表5.1-1。

（2）校核工况：最高发电库水位下仅考虑一次偶发事件或设备故障工况，具体工况见表5.1-2；正常蓄水位或死水位下考虑两次偶发事件或设备故障工况，具体工况见表5.1-3；其他规范要求分析的工况。

表 5.1-1　　　　　　　　　　大波动瞬变流设计工况

计算工况	上游水位/m	下游水位/m	负荷变化	水位组合及负荷变化说明	计算目的
D1	1646.00	1328.89	1台→0	上游正常蓄水位，一台机停机检修，另一台机额定出力运行，甩全部负荷，导叶关闭	蜗壳进口最大压力
D2	1646.00	1333.11	2台→0	上游正常蓄水位，额定出力，两台机同时甩全部负荷，导叶关闭	蜗壳进口最大压力、引调最高涌波及结构最大压差
D3	1646.00	1330.60	1台→0	上游正常蓄水位，一台机停机检修；另一台机额定出力运行，甩全部负荷，导叶关闭	蜗壳进口最大压力

续表

计算工况	上游水位/m	下游水位/m	负荷变化	水位组合及负荷变化说明	计算目的
D4	1646.00	1333.74	2 台→0	上游正常蓄水位，额定出力，两台机同时甩全部负荷，导叶关闭	蜗壳进口最大压力、引调最高涌波及结构最大压差
D5	—	1333.74	2 台→0	额定水头下，额定出力，两台机同时甩全部负荷，导叶关闭	转速上升极值、引调结构最大压差
D6	1640.00	1328.89	1 台→0	上游死水位，一台机停机检修，另一台机额定出力运行，甩全部负荷，导叶关闭	尾水管进口最小压力
D7	1640.00	1329.51	2 台→0	上游死水位，满负荷，两台机同时甩全部负荷，导叶关闭	尾水管进口最小压力、引水道洞顶最小压力
D8	1640.00	1328.89	1 台→2	上游死水位，一台机额定出力正常运行，另一台机空载增至满负荷	引水道最小压力、引调最低涌波
S5	1646.00	1328.89	1 台→0	上游正常蓄水位，额定出力，一台机停机，另一台机正常运行甩全部负荷，导叶拒动，筒阀关闭	导叶拒动，筒阀关闭下的蜗壳压力和机组转速

表 5.1－2　　　　　大波动瞬变流校核工况（单一事件工况）

计算工况	上游水位/m	下游水位/m	负荷变化	水位组合及负荷变化说明
D9	1658.00	1353.40	2 台→0	上游校核洪水位（0.05%），下游校核洪水位（0.1%），两台机同时甩全部负荷，导叶关闭（仅复核引调最高涌波）
D10	1657.00	1353.40	2 台→0	下游校核洪水位，上游同频率对应水位，两台机同时甩全部负荷，导叶关闭
D11	1657.00	1353.40	1 台→0	上、下游设计洪水位，一台机停机，另一台机甩全部负荷，导叶关闭

表 5.1－3　　　　　大波动瞬变流校核工况（两次事件组合工况）

计算工况	上游水位/m	下游水位/m	初始工况	叠加工况	计算目的
Z1	1646.00	1330.60	正常蓄水位，一台机正常运行	另一台增荷，经过 ΔT 时间后两台机同时甩负荷	上调最高涌波水位，溢流总量
Z2	1640.00	1330.60	死水位，一台机正常运行	另一台增荷，经过 ΔT 时间后两台机同时甩负荷	上调结构最大压差
Z3	1646.00	1333.11	正常蓄水位，两台机正常发电，其中一台机先甩负荷	经过 ΔT 时间后，另外一台机甩负荷	蜗壳进口最大压力

续表

计算工况	上游水位/m	下游水位/m	初始工况	叠加工况	计算目的
Z4	1640.00	1330.60	一台机增负荷，一台机空载运行	经过 ΔT1 时间后空载机组增负荷	上调最低涌波（可限制连续增荷时间 ΔT）
Z5	1640.00	1331.03	两台机正常运行，突甩全部负荷	经过 ΔT1 时间后一台机增负荷	
Z6	1640.00	1331.03	两台机正常运行，突甩全部负荷	经过 ΔT1 时间后一台机增负荷，经过 ΔT2 时间后第二台机增负荷	
Z7	1640.00	1331.03	两台机正常运行，其中一台机突甩全负荷	经过 ΔT 时间后甩负荷机组又增荷	
Z8	1646.00	1330.60	两台不间断连续增荷，经过不利延时时间后两台机同时甩负荷		上调结构最大压差（可限制连续增荷时间 ΔT）
Z9	1640.00	1330.60			

5.1.2　小波动计算工况研究

根据计算目的，小波动主要针对调压室波动稳定性分析、机组调节品质分析和机组稳定性分析几类工况，具体工况见表 5.1-4～表 5.1-6。

表 5.1-4　　　研究调压室稳定断面分析为目的的小波动工况

计算工况	上游水位/m	下游水位/m	负荷变化	计算目的
X1	1640.00	1331.94（四台机发电尾水位）	两台机组均带最大预想负荷，两机组同减 5%、10%	常遇水位组合工况下，分析调压室稳定
X2	1640.00	1333.74	两台机组均带最大预想负荷，两机组同减 5%、10%	常遇最低水位组合工况下分析调压室稳定

表 5.1-5　　　调频稳定性分析小波动工况

计算工况	上游水位/m	下游水位/m	负荷变化	计算目的
X3	1640.00	1333.74	两台机组均带最大预想负荷，一台机组减 30MW 负荷	满载调节品质分析
X4	1640.00	1333.74	一台机组带 600MW，一台机组从 310MW 减到 280MW	半载调节品质分析
X5	1640.00	1333.74	一台机组带 600MW，一台机组从 30MW 减到空载	空载调节品质分析

表 5.1-6　　　　　　　　　　**其 他 小 波 动 工 况**

计算工况	上游水位/m	下游水位/m	负荷变化	计算目的
X6	1646.00	1330.60	两台机组均带额定负荷，一台机组减5%、10%额定负荷	对另一台机组出力的影响分析
X7	1640.00	1333.74	两台机组均空载，一台机组带负荷	空载机组能否正常带上负荷分析
X8	1640.00	1333.74	一台机组空载，一台机组带额定负荷，空载机组带负荷	对另一台机组出力的影响分析
X9	1640.00	1333.74	一台机组空载，一台机组带额定负荷，带额定机组甩全负荷	对空载机组稳定性的影响分析
X10	1640.00	1333.74	一台机组空载，一台机组带额定负荷，带额定机组甩5%、10%负荷	对空载机组稳定性的影响分析
X11	1646.00	1330.60	两台机组均带额定负荷，同时甩负荷后回到空载状态	机组能否稳定运行分析
X12	1640.00	1333.74	两台机组均带最大预想负荷，同时甩负荷后回到空载状态	机组能否稳定运行分析

5.1.3　水力干扰计算工况研究

在多台机组共一水力单元时，若其中部分机组由于某种原因甩全负荷或者大幅度增加负荷，将导致管道系统压力或调压室水位产生波动，进而对正常运行机组的水头和负荷产生影响，这种现象称为水力干扰。锦屏二级水电站单机容量 600MW 机组，采用一洞两机的布置形式，其水力干扰特性值得关注。

水力干扰主要评价指标是出力摆动。发电机出力等于电流与电压的乘积，其励磁调节特性使发电机端电压能很快稳定，所以出力摆动主要表现为电流随时间的变化。结合电站并网发电可能的运行方式，水力干扰瞬变流分析主要考虑并理想大电网功率调节、并理想大电网频率调节及孤网频率调节三种运行方式。

1. 并理想大电网功率调节模式

功率调节模式下，调速器将给定的水轮机功率作为输入信号，当电网负荷发生变动或者同一水力单元其他机组发生增负荷或者事故甩负荷时，调速系统根据功率给定的指令信号，自动调整导叶开度，使机组的出力和负荷达到新的平衡。

在进行功率调节模式水力干扰计算时，调速器参与调节，受扰机组等出力运行。此调节模式水力干扰程度一般较小。

2. 并理想大电网频率调节模式

频率调节模式下，调速器将电网频率的变化作为输入信号来调整导叶开度。当电网因负荷和出力失衡而产生频率波动时，调频机组将此网频变化量作为调速器的输入信号，当网频减小（增加）时，机组加大（减小）导叶开度、增加（降低）机组出力，使网频相应增加（减小）以恢复至设定值。

在进行并理想大电网频率调节模式水力干扰计算时，假定机组并入无穷大电网，此时电网频率保持不变，根据频率调节原理，调速器将不动作，水力干扰引起的负荷波动完全由电网吸收，受扰机组作等开度运行。该模式下机组的过电流强度最大，若此工况不能满足设计要求，则可能导致受扰机组因为过电流保护发生甩负荷事故。

3. 孤网频率调节模式

在孤网频率调节模式水力干扰计算时，电网频率发生变化，调速器参与调节。依托工程采用此调节模式的可能性甚微，基于数值计算方法研究极端假定下运行机组在受扰动情况下的稳定性及调节品质。

结合上述分析，水力干扰需分析并理想大电网功率调节、并理想大电网频率调节及孤网频率调节三种运行方式下的水力干扰程度，水力干扰的计算工况见表 5.1 - 7。

表 5.1 - 7 　　　　　　　水 力 干 扰 计 算 工 况

计算工况	上游水位 /m	下游水位 /m	负荷变化	计 算 目 的
GR1	1646.00	1331.03	2 台→1 台	分析甩负荷机组对正常运行机组的影响
GR2	1640.00	1331.03	2 台→1 台	分析甩负荷机组对正常运行机组的影响
GR3	1646.00	1331.03	1 台→2 台	分析增负荷机组对正常运行机组的影响
GR4	1640.00	1331.03	1 台→2 台	分析增负荷机组对正常运行机组的影响

5.2 机组稳定性分析

锦屏二级水电站引水隧洞长，机组容量大、运行水头高。在机组开机空载并网，增、减负荷以及关机的过程中，输水系统巨大的水流惯性，不可避免地将对机组的运行产生影响。结合该水电站的水力瞬变过程分析结论、电网的实际情况以及对相关电站调研成果，针对锦屏二级水电站机组运行方式、电站机组的开机方式、机组连续增荷或者减荷方式、电站负荷在 4 个单元 8 台机组间的合理分配（包括建设初期以及检修期）以及电站运行控制条件开展研究，并对电站运行调度方式提出合理化建议以及异常情况的预防措施。

水电站相关稳定性分析研究如下：

（1）机组开机方式。根据电网的要求和输水系统的特点，研究水力波动最小、机组并网时间最短的开机方式。

（2）机组负荷调整方式。根据电网的要求和输水系统的特点，研究将调压室水位作为增、减负荷的反馈信号，在保证机组和输水系统安全的条件下，研究水力波动小、负荷调整速率快的增、减负荷方式。

（3）电站负荷分配方式。锦屏二级水电站引水隧洞长，水头损失大，应根据电网的负荷调度要求，优化电站机组的负荷分配方式，在保证机组安全运行的前提条件下，获得最佳效益。电站负荷分配的方式研究要考虑部分机组投入运行（发电初期和检修期间）工况的优化分配。

（4）电站运行调度的相关要求和建议。根据以上研究成果，结合电网要求和电站特点，对水电站将来实际的运行调度方式提出相关要求和建议，并对机组调试期间可能出现的异常提出应对和预防措施。

5.2.1 机组开机方式研究

水轮机从开机、空载到并网是机组最不稳定的过程，过程中存在较恶劣的运行工况。选择合理的开机、停机模式对提高机组稳定性至关重要。开机方式的研究目的在于尽可能地在较短时间内，使机组从静止状态到达空载平稳状态进而并网带负荷运行，在此过程中应使水道系统产生的水击压力和调压室水位波动尽可能小，整个开机过程平稳、迅速；推荐开机过程中的调速器整定参数，同时研究同一水力单元中的一台机组开机时对另一台运行机组的影响。

1. 机组开机方式方案

在现场调试时，应进一步结合运行机组所测得的振动、摆度、噪声和压力脉动测量结果，综合分析决定最合适的开机方式。研究中提供三种开机方式，并根据现场调试建议和试验结果进一步选择最合适的开机方式。

（1）开机方式一（慢速）。在 1.2s 内将导叶开至约 6%（100% 开度对应的时间是 20s），开度限制在 6% 约 60s 后，在 7s 内将导叶开度开至约 22%（100% 开度对应的时间是 40s），逐渐将导叶开度降至空载开度。

（2）开机方式二（中速）。在 8s 内缓慢将导叶开至约 8%（100% 开度对应的时间是 100s），开度限制在 8% 约 15s 后，逐渐按每秒 5% 的转速上升率调整导叶开度直至转速达额定转速附近，然后再将导叶关至空载开度。

（3）开机方式三（快速）。在 5s 内迅速将导叶开至约 22%（100% 开度对应的时间是 20s），开度限制在 22% 约 15s 后，逐渐将导叶开度降至空载开度。

2. 机组开机方式仿真结果

综合计算结果可以得出，三种机组开机方式均是可行的，机组各项指标和

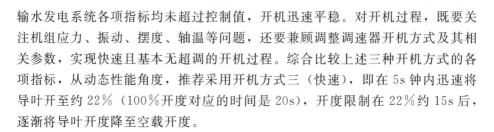

输水发电系统各项指标均未超过控制值，开机迅速平稳。对开机过程，既要关注机组应力、振动、摆度、轴温等问题，还要兼顾调整调速器开机方式及其相关参数，实现快速且基本无超调的开机过程。综合比较上述三种开机方式的各项指标，从动态性能角度，推荐采用开机方式三（快速），即在 5s 钟内迅速将导叶开至约 22％（100％开度对应的时间是 20s），开度限制在 22％约 15s 后，逐渐将导叶开度降至空载开度。

5.2.2　机组负荷调整方式研究

5.2.2.1　机组导叶关闭规律

机组导叶关闭规律对输水系统水击压力与机组转速上升率大小的影响较大，它决定于调速系统动态特性。由于机组导叶在一定范围内是可调的，采用合理的机组导叶关闭规律可以降低水击压力与限制机组转速升高，不需要增加额外的电站机组投资，是一种经济有效的措施。机组实际运行的导叶关闭规律受到调速系统本身的性能影响，不可能与调保计算结果完全一致，特别是对分段折线关闭规律而言由于优化参数较多影响尤为明显，再者输水系统与机组本身存在某些不确定的时变因素，都可能使原优化采用的关闭规律偏离优化目标，给水电站安全运行带来隐患。通过优化得到的关机规律应尽可能简单，同时具有较好的鲁棒性，即机组特性、水道特性等相差不大时，优化的结果变化也不大，因此本章仅针对一段直线关闭进行研究。

本章研究机组的转动惯量 GD^2 为 75000t・m^2（未包括水轮机及水体）；对于机组容量较大的电站，机组转速最大上升值应在 50％之内；机组蜗壳最大内水压力不超过 410m；尾水管进口最小压力不小于 $-6.5m$。

由于锦屏二级水电站引水隧洞较长，调压室的水位波动周期较长，机组导叶关闭规律对调压室水位波动影响不大，主要影响机组蜗壳最大内水压力及机组转速最大上升率。考虑到锦屏二级水电站的引水隧洞超长，机组引用流量较大，发生水力瞬变时，隧洞中的水体惯性很大，且上游设置差动式调压室，从安全角度出发，仍对其进行计算比较。对于组合工况，由于不同的叠加时间点对应的计算结果不同，考虑到机组今后的运行方式及相对较危险的叠加时刻点，初步计算叠加时间点暂取流进调压室流量最大时刻及调压室水位最高的时刻。

采用一段直线关闭规律，对于常规控制工况，机组蜗壳最大内水压力及尾水管进口最小内水压力比较容易满足调节保证计算要求。当关闭时间大于等于13s 时，存在机组最大转速上升率会超过调保计算要求，推荐机组关闭规律取12s 一段直线关闭。需说明的是，对于个别工况，关闭时间取 13s 时机组蜗壳最大内水压力反而比采用 12s 关闭时还要大，这看似和常理不符，但仔细研究发现,机组整个关闭过程中会出现两波较大的水击压力,一波出现在关闭过程中(约为转速上升最大时刻),另一波较大的水击压力出现在导叶关闭结束时刻。这主要是因为锦屏二级水电站的水头较高,机组特性类似于可逆式机组,即转速上升的同时,会引起截流效应,导致机组过流量的减小,从而产生一部分水击压力。机组导叶关闭过程中,机组导叶关闭和转速上升共同作用,导致机组过流量快速减小,机组蜗壳内水压力迅速上升;当机组转速上升最大时刻,转速上升引起的截流效应消失,流量变化减缓,上游调压室反射回来的减压波使得机组蜗壳内水压力开始下降,此时机组蜗壳处出现第一波较大的水击压力。随着导叶开度进一步减小,机组边界的反射特性在小开度下发生变化,关闭结束时刻,又会产生另一波较大的水击压力。当机组关闭时间小于12s时,由于关闭时间较快,机组蜗壳最大内水压力出现在导叶关闭过程中(约为转速上升最大时刻,见图 5.2-1);当关闭时间大于12s时,由于导叶关闭时间加长,关闭过程中的流量变化相对变缓,转速上升最大时刻出现的第一波水锤压力减小,导致关闭结束时刻产生的水击压力甚至会超过关闭过程中产生的最大压力,见图 5.2-2。因此,机组蜗壳最大内水压力出现在机组导叶关闭结束,出现了关闭时间长反而机组蜗壳压力更大的情况。当然,随着关闭时间的进一步加大,不管是关闭过程中还是关闭末了阶段,流量的变化逐渐变缓的,产生的水击压力也逐渐降低。当关闭时间超过25s,此时的机组蜗壳最大内水压力转由调压室涌波水位控制,但转速远远超过了控制标准。

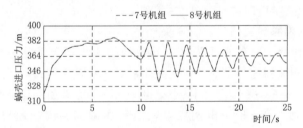

图 5.2-1　一段直线(11s)关闭蜗壳进口压力变化过程

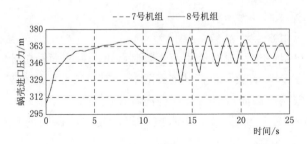

图 5.2-2　一段直线(13s)关闭蜗壳进口压力变化过程

考虑到水电机组的运行比较灵活，工况转换频繁，且锦屏二级电站的引水隧洞超长，机组引用流量较大，发生水力瞬变时，隧洞中的水体惯性很大，迟滞性比较明显，容易发生组合工况。因此，从安全角度出发，仍需对较危险的组合工况进行复核。对于组合工况，由于不同的叠加时间点对应的计算结果不同，考虑到机组今后的运行方式及相对较危险的叠加时刻点，初步计算叠加时间点暂取流进调压室流量最大时刻及调压室水位最高的时刻，关闭规律取 12s 一段直线关闭。

对于较危险的两种相继甩组合工况，不同的相继甩负荷叠加时刻下，机组蜗壳最大内水压力及机组尾水管进口最小压力均未超出控制标准，且极值基本出现在调压室水位最高时刻发生相继甩工况。但机组转速最大上升率在很长的一段时间范围内（4～248s）均超过了控制标准，最大值达到了 56.1%；因此，要控制机组转速不超过控制标准，相继甩负荷的时间间隔需控制在 4s 以内。

通过对锦屏二级水电站的机组关闭规律进行复核计算后认为：当机组关闭规律选取 12s 一段直线关闭时，对于选取的控制工况，机组蜗壳最大内水压力及尾水管进口最小压力均能满足控制标准，且有一定的安全裕量，常规控制工况下机组的最大转速上升率也能控制在调保计算范围之内；但对于相继甩负荷的控制工况，当相继甩负荷时刻在 4～248s 之内时，后甩机组的最大转速上升率会超过控制标准。因此，要控制机组转速不超过控制标准，相继甩负荷的时间间隔需控制在 4s 以内。

5.2.2.2　一次调频研究

一次调频研究的目的在于为水电站现场的一次调频试验作理论仿真和指导，初步选择调速器控制参数，探讨是否满足一次调频运行技术规范。一次调频计算仿真主要参考《华中电网发电机组一次调频技术管理规定（试行）》（2006 版）、《华中电网发电机组一次调频调度管理规定（试行）》（2005 版）、《华中区域发电厂并网运行管理规定实施细则（试行）》等相关条款的技术要求。

1. 一次调频主要指标

（1）水电机组永态转差率不大于 4%。

（2）水电机组一次调频的负荷变化限制幅度为额定负荷的 ±10%。

（3）机组在 80% 的额定负荷状态下运行，对持续 60s 的一定频率的阶跃变化，其负荷调整响应的滞后时间、调整的幅度应满足如下要求。

1）额定水头在 50m 及以上的水电机组，其一次调频的负荷响应滞后时间，应小于 4s。

2）所有机组一次调频的负荷调整幅度应在 15s 内达到理论计算的一次调

频的最大负荷调整幅度的 90％。

3）在电网频率变化超过机组一次调频死区时开始的 45s 时间内，机组实际出力与机组响应目标偏差的平均值应在理论计算的调整幅度的±5％内。

2．一次调频仿真计算结果

（1）选取调速器参数，$K_p = 3.50$（比例，增益），$K_i = 4.0$（积分环节），$K_d = 0$（微分环节）。

（2）一次调频过程中，调频的负荷调整幅度为理论调整幅度的 98.6％，在电网频率变化超过机组一次调频死区时开始的 42.3s（最不利值）时间内，实际出力平均偏差在理论出力的±5％。即一次调频过程中，机组调整负荷响应快速，在规定的时间达到了目标值，能够满足一次调频的技术规范。

（3）同时，一次调频过程中，当出力已经趋于稳定时，导叶开度随调压室涌波水位变化仍有波动，导叶开度的最大、最小值之差约 5％。

（4）虽然机组能够承担一次调频任务，但由于长引水隧洞引起的水力波动导致导叶较大幅度频繁调节，会加剧调速系统设备磨损。

综合计算结果，一次调频仿真试验时，阶跃频率取 0.2Hz 及以下幅值时，锦屏二级水电站一次调频过程快速稳定。考虑理论仿真与现场条件有一定差异，仿真试验结果需结合一次调频试验验证。

5.2.3　水电站负荷分配方式研究

水电站负荷分配方式研究主要针对增荷方式、空载扰动以及机组负荷优化分配展开，其中增荷方式的主要研究目的是：①初步选择调速器控制参数，实现快速、平稳增负荷；②探讨同一水力单元一台机增负荷，对另一台运行机组的影响；③探讨同一水力单元一台机不同增负荷方式，对另一台运行机组的影响。

根据以往运行机组的经验以及长距离引水式电站的调研成果，机组增负荷方式规律分为连续增负荷和阶梯增负荷两种方式进行研究。其中连续增负荷方式按照 30s 导叶开启方式、75s 导叶开启方式、120s 导叶开启方式进行研究。初拟的阶梯增负荷方式研究工况如下：第一段在 30s 内由空载状态增至 240MW 后，稳定 115s；在 30s 内由 240MW 增至 480MW 后，稳定 110s；在 15s 内由 480MW 增至 600MW；整个增负荷过程按照 5min 时间控制。

1．连续增负荷方式

连续增负荷方式采用不同导叶开启速率，研究开启速率对机组稳定性和对电网系统功率干扰的影响。基于连续增负荷方式展开计算，结果如下。

（1）同一水力一台机组增负荷时，30s、75s、120s 导叶开启方式下，调速器参数取 $K_p = 3.50$，$K_i = 4.0$，$K_d = 0$，连续增 90％N_r 时，达到±2％目标

负荷带宽范围内的调节时间分别为 36.4s、76.1s、115.4s，受扰机组出力摆动分别为 2.38% N_r、2.17% N_r、2.0% N_r，大小井最大压差为 6.5m、6.5m、6.1m。

（2）同一水力一台机组增负荷时，30s、75s、120s 导叶开启方式下，调速器参数取 $B_t=0.5$，$T_d=8s$，$T_n=0.6$（$K_p=2.15$，$K_i=0.25$，$K_d=1.2$），连续增 90% N_r 时，达到 ±2% 目标负荷带宽范围内的调节时间分别为 777.6s、793.8s、810.6s，受扰机组出力摆动分别为 13.49% N_r、13.37% N_r、13.14% N_r，大小井最大压差为 7.1m、4.6m、3.99m。

经分析，两种方式计算结果差异比较大的主要原因是计算模型差异。但不同计算模型均存在相同趋势，即导叶开启速率减慢时，机组出力摆动减小，上游调压室大小井压差减小，机组达到目标功率的时间加长了。

考虑同一水力单元中的一台机组增负荷对上游调压室和另一台运行机组的影响，机组采用连续增负荷时，建议采用 75s 导叶开启方式。

2. 阶梯增负荷方式

进一步对阶梯式增负荷方式进行计算，结果如下。

（1）同一水力单元一台机组增负荷时，采用阶梯式增负荷方式，调速器参数取 $K_p=3.50$，$K_i=4.0$，$K_d=0$，连续增 90% N_r 时，达到 ±2% 目标负荷带宽范围内的调节时间为 295.5s，受扰机组出力摆动为 0.8% N_r，大小井最大压差为 −1.45m。

（2）同一水力单元一台机组增负荷时，采用阶梯式增负荷方式，调速器参数取 $B_t=0.5$，$T_d=8s$，$T_n=0.6$（$K_p=2.15$，$K_i=0.25$，$K_d=1.2$），连续增 90% N_r 时，达到 ±2% 目标负荷带宽范围内的调节时间为 826.2s，受扰机组出力摆动为 8.59% N_r，大小井最大压差为 2.19m。

经分析，两种方式计算结果差异比较大的主要原因是计算模型差异，但不同计算模型均有相同趋势。采用阶梯式增负荷，相当于增加了增负荷时间，与连续增负荷相比，尽管机组达到目标功率的时间加长了，机组出力摆动减小，上游调压室大小井压差有大幅度减小。

针对水电站机组空载扰动展开研究，其主要目的是初步选择调速器控制参数和探讨空载稳定性。

同一水力单元一台机组作空载扰动仿真计算时，调速器参数取 $K_p=2.96$，$K_i=0.1$，$K_d=1.35$，转速扰动超调量最大为 25.8%，振荡次数不超过 0.5 次，调节时间最大为 44.6s，均满足规范《水轮发电机组安装技术规范》（GB/T 8564—2003）要求。

综合计算结果，空载工况下，频率扰动过渡过程较为平稳，频率阶跃过程中转速超调极小。转速超调量和振荡次数以及调节时间，均满足规范《水轮发

电机组安装技术规范》（GB/T 8564—2003）要求。频率阶跃扰动时引起调压
室水位波动振幅较小，且水位波动呈衰减趋势。

针对水电站机组负荷优化分配展开研究，主要研究目的是保证水电站发电
效益的最大化。锦屏二级水电站具有平均长度达 16.67km 的引水隧洞，机组
引用流量大，同一水力单元两台机组满负荷运行时，水头损失较大。4 个水力
单元的水头损失系数公式见表 5.2-1。合理分配输水发电系统机组的调度和
负荷，既可以保证机组和输水发电系统的安全运行，也可以保证电站发电效益
的最大化。

表 5.2-1　　　　锦屏二级水电站输水发电系统水头损失系数公式

水力单元	引水隧洞	尾水隧洞	总水头损失/m
1 号	$7.4853 \times 10^{-5} Q^2$	$5.7592 \times 10^{-5} h^2$	18.66
2 号	$6.2041 \times 10^{-5} Q^2$	$5.7469 \times 10^{-5} h^2$	15.97
3 号	$7.5724 \times 10^{-5} Q^2$	$5.1349 \times 10^{-5} h^2$	18.51
4 号	$6.1786 \times 10^{-5} Q^2$	$5.1223 \times 10^{-5} h^2$	15.59

注　Q 表示流量，h 表示水深。

动态规划法是求解水电厂负荷最优分配问题最成熟的方法。在某一固定时
间点、总出力确定和运行机组组合确定的前提下，用动态规划法求解求最优负
荷分配问题，实际上是求耗水最小消耗的问题。

设电厂有 m 台机组，给定总负荷为 $\boldsymbol{X}$，相应的耗水量为 q_j，目标是使其
总耗水量最小。该过程中目标函数的最小值，表达式为

$$f^*(\boldsymbol{X}) = \min_{(q_1, q_2, \cdots, q_n)} \sum_{j=1}^{m} c q_j$$

式中：c 为一常数，与时间步长及水价值有关。

q_j 必须满足该时间点的总出力约束：

$$P_i = g\rho \sum_{j=1}^{m} \eta_j q_j H_{(q_j)}$$

式中：$H_{(q_j)}$ 为水头。

q_j 还必须满足空载和最大流量的约束。当状态矢量 $\boldsymbol{X}$ 中的第 j 个分量为 1
时，有

$$Q_{\min} \leqslant q_j \leqslant Q_{\max}$$

当状态矢量 $\boldsymbol{X}$ 中的第 j 个分量为 0 时，有

$$q_j = 0$$

锦屏二级水电站的每个输水单元的水头损失系数不尽相同，同时每台机组
的高压管道和尾水管道也不完全相同，水电站的优化运行问题变得比较复杂。
当水电站只有 4 台和 4 台以下机组发电时，水能利用效率较高，这是因为每个

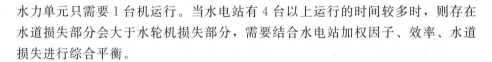

水力单元只需要 1 台机运行。当水电站有 4 台以上运行的时间较多时，则存在水道损失部分会大于水轮机损失部分，需要结合水电站加权因子、效率、水道损失进行综合平衡。

5.2.4　水电站运行调度限制条件与研究结论

锦屏二级水电站引水隧洞超长，引用流量大，且引水隧洞末端布置的巨型差动式调压室结构较为复杂，过渡过程压差较大，需设置必要的运行限制条件，并留有一定的裕度，以确保运行安全。

为满足不超过计算控制值的要求，对机组运行提出以下限制条件：

（1）为满足调压室最低涌波水位和引水隧洞沿线最小压力要求，对于叠加工况 Z5 和 Z6，建议两台机同时甩负荷后，第一台机在 450s 之后再开启，第二台机在 500s（即第一台机开启后的 50s）之后再开启增负荷。

（2）对于控制上游调压室大井底板及隔墙压差的 Z9 工况，为限制最大压差基本控制在"一台机增负荷后，在最危险时刻，两台机甩全部负荷"的水平，在第一台机开启增负荷后，第二台机应在 900s 之后再开启增负荷，以防止在不利时增负荷的两台机组突甩负荷导致调压室压差过大。

5.2.4.1　增负荷工况

增负荷工况限制条件研究分析了一台机停机，同一水力单元另外一台机组从停机分别增至 100％、75％、50％、25％额定负荷后，上游调压室水位波动衰减情况。

随着增负荷目标容量的降低，调压室水位波动幅度逐渐减小，但涌波衰减均表现出初期较显著、后期则较缓慢的特点。为避免在调压室涌波水位，两台机组相继增负荷造成的调压室拉空或两机开启后在最不利时间突甩负荷造成的调压室压差超标，应控制同一水力单元另外一台机组增负荷在调压室涌波水位幅度大幅降低时（小于 20m）进行。

为简化机组操作，避免误操作，并留有一定裕度，要求同一水力单元内的两台机不能同时增负荷，两台机相继增负荷间隔时间必须满足如下要求：

（1）当第一台机一次增负荷容量大于等于 450MW 时，需至少间隔 45min 后，另外一台机组才允许增负荷。

（2）当第一台机一次增负荷容量大于等于 300MW 且小于 450MW 时，需至少间隔 35min 后，另外一台机组才允许增负荷。

（3）当第一台机一次增负荷容量小于 300MW 时，需至少间隔 26min 后，另外一台机组才允许增负荷。

5.2.4.2　甩或减负荷工况

甩或减负荷工况限制条件研究分析了一台机分别带 100％、75％、50％、

25%额定负荷正常运行，突甩全部负荷后的调压室水位波动情况。从计算结果看，突甩负荷后调压室涌波初期衰减较快，后期衰减较慢，为控制调压室低涌波水平，需待调压室涌波振幅衰减至较低幅度后（小于20m），方可开启机组。

若同一水力单元两台机分别带100%、75%、50%、25%额定负荷正常运行，同时甩全部负荷后的调压室水位波动情况，从计算结果看，调压室涌波衰减情况与一台机甩负荷类似，为控制调压室低涌波水平，需待调压室涌波振幅衰减至较低幅度后（小于20m），方可开启机组。

若同一水力单元两台机带100%额定负荷正常运行，分别减负荷至空载、25%、50%、75%额定负荷后的调压室水位波动情况（根据调速器厂家提供的经验值，计算中暂定从100%额定负荷减至空载导叶的关闭规律为20s一段直线，其余按比例折算），从计算结果看，只要甩负荷总量和减负荷总量相当，所引起的调压室涌波波动振幅及其衰减过程基本相同。为控制调压室低涌波水平，需待调压室涌波振幅衰减至较低幅度后（小于20m），方可开启机组。

因此，无论是单台机甩负荷，还是两台机同时甩或减负荷，只要同一水力单元内甩或减负荷总量相当，所引起的调压室涌波波动振幅及其衰减过程基本相同。为简化机组操作，并留有一定裕度，要求同一水力单元内的两台机组同时甩或减负荷后，该水力单元任意机组开启增负荷必须满足如下要求：

（1）同一水力单元一次甩或减负荷总量大于等于900MW，需至少间隔54min后，该水力单元任意机组才能开启增负荷。

（2）同一水力单元一次甩或减负荷总量大于等于600MW且小于900MW时，需至少间隔44min后，该水力单元任意机组才能开启增负荷。

（3）同一水力单元一次甩或减负荷总量大于等于300MW且小于600MW，需至少间隔36min后，该水力单元任意机组才能开启增负荷。

（4）同一水力单元一次甩或减负荷总量小于300MW，需至少间隔17min后，该水力单元任意机组才能开启增负荷。

5.2.4.3 研究结论

综上所述，出于保证输水发电建筑物和机组结构安全和电站平稳可靠运行的目的，保留一定裕度，对电站机组运行提出以下运行限制条件。

（1）同一水力单元内的两台机不能同时增负荷，两台机相继增负荷间隔时间必须满足以下要求：

1）当第一台机一次增负荷容量大于等于450MW时，需至少间隔45min后，另外一台机组才允许增负荷。

2）当第一台机一次增负荷容量大于等于300MW且小于450MW时，需至少间隔35min后，另外一台机组才允许增负荷。

3）当第一台机一次增负荷容量小于300MW时，需至少间隔26min后，另外一台机组才允许增负荷。

（2）同一水力单元内的两台机组同时甩或减负荷后，该水力单元任意机组开启增负荷必须满足以下要求：

1）同一水力单元一次甩或减负荷总量大于等于 900MW，需至少间隔 54min 后，该水力单元任意机组才能开启增负荷。

2）同一水力单元一次甩或减负荷总量大于等于 600MW 且小于 900MW 时，需至少间隔 44min 后，该水力单元任意机组才能开启增负荷。

3）同一水力单元一次甩或减负荷总量大于等于 300MW 且小于 600MW，需至少间隔 36min 后，该水力单元任意机组才能开启增负荷。

4）同一水力单元一次甩或减负荷总量小于 300MW，需至少间隔 17min 后，该水力单元任意机组才能开启增负荷。

（3）由于一次调频的缘故引起的机组增减负荷不受以上条件限制。

5.3　输水发电系统调压室运行稳定及涌波叠加分析

5.3.1　调压室运行稳定分析

根据调压室稳定性研究的特点，合理选取上、下流水位组合，使它们既能代表典型的运行工况，又不会遗漏最不利工况，是十分必要的。表 5.3 - 1 和表 5.3 - 2 列出了本节所选组合具体情况。

表 5.3 - 1　　　调压室小波动稳定研究有代表性上下游水位组合

编号	上游水位	下游水位	毛水头/m	称　　谓	备注
1	上库正常蓄水位 1646.00m	八台机发电尾水位 1333.74m	312.27	上库正常蓄水位典型水位组合	典型运行工况
2	上库死水位 1640.00m	八台机发电尾水位 1333.74m	306.27	上库死水位典型水位组合	典型运行工况
3	上库洪水位 (0.5%) 1653.30m	下游设计洪水位 (0.5%) 1351.20m	302.10	最小毛水头组合	最不利工况

表 5.3 - 2　　　理想孤网假定下调压室小波动稳定研究工况定义

工况	水位组合	毛水头/m	机组负荷	电网假定	备　　注
X1a	上库正常蓄水位典型水位组合	312.27	两机各带 100% 额定负荷	理想孤网	高负荷情况，机组效率下降区
X1b	上库正常蓄水位典型水位组合	312.27	两机各带 85% 额定负荷	理想孤网	中负荷情况，约为最高效率区

续表

工况	水位组合	毛水头/m	机组负荷	电网假定	备注
X1c	上库正常蓄水位典型水位组合	312.27	两机各带70%额定负荷	理想孤网	低负荷情况，机组效率上升区
X2a	上库死水位典型水位组合	306.27	两机各带100%额定负荷	理想孤网	高负荷情况，机组效率下降区
X2b	上库死水位典型水位组合	306.27	两机各带85%额定负荷	理想孤网	中负荷情况，约为最高效率区
X2c	上库死水位典型水位组合	306.27	两机各带70%额定负荷	理想孤网	低负荷情况，机组效率上升区
X3a	最小毛水头组合	302.10	两机各带100%额定负荷	理想孤网	高负荷情况，机组效率下降区
X3b	最小毛水头组合	302.10	两机各带85%额定负荷	理想孤网	中负荷情况，约为最高效率区
X3c	最小毛水头组合	302.10	两机各带70%额定负荷	理想孤网	低负荷情况，机组效率上升区

从传统意义上讲，水电站调压室的稳定性分析都是不要带电网模拟的。这里指的传统方法有三种。

（1）解析模型分析。根据分析对象与分析要求建立二阶或高阶数学模型，并在这个模型的基础上做分析。

（2）解析公式法。例如用有关调压室设计规范或其他参考文献推荐的公式进行计算和分析。

（3）传统的数值模型法。这里又有两种情况：①时间域数值模型法，也就是常用的过渡过程分析软件建立的数值模型；②频率域数值模型法，该法是建立在对象系统的开、闭环系统传递函数基础上，以分析系统的开环和闭环频率特性来判断稳定性的一种方法。

本节中所采用的方法用到了其中的两种：解析公式法和传统的数值模型法。

5.3.1.1 调压室稳定断面解析公式计算

1号水力单元的调压室稳定断面解析公式法计算主要参数为：

（1）引水隧洞长：16673.3m。

（2）引水隧洞平均断面积：104.9m²。

（3）调压室设计断面面积：415.74m²。

1号水力单元的水头损失相关参数见表5.3-3。

表 5.3 - 3　　　　　　　　　　水头损失相关参数（额定流量）

曼宁糙率	0.013	0.0132	0.0135	0.0138	备注
引水隧洞水损 h_{w0}/m	14.6	15.02	15.65	16.29	含局部损失
引水隧洞水损系数 α	0.7693	0.7911	0.8243	0.8583	含局部损失
调压室后水损 h_{wm}/m	3.00	3.00	3.01	3.02	含局部损失

X1a 工况下临界断面的糙率敏感计算结果（上库正常蓄水位典型水位组合）见表 5.3 - 4。

表 5.3 - 4　　　　　　　　　　X1a 工况下的计算结果

曼宁糙率	0.013	0.0132	0.0135	0.0138
托马临界断面 A_{th}/m^2	411.64	401.85	387.81	374.49
托马安全系数	1.010	1.035	1.072	1.110

X2a 工况下临界断面的糙率敏感计算结果（上库死水位典型水位组合）见表 5.3 - 5。

表 5.3 - 5　　　　　　　　　　X2a 工况下的计算结果

曼宁糙率	0.013	0.0132	0.0135	0.0138
托马临界断面 A_{th}/m^2	420.31	410.33	396	382.42
托马安全系数	0.989	1.013	1.050	1.087

X3a 工况下临界断面的隧洞糙率敏感计算结果（最低毛水头水位组合）见表 5.3 - 6。

表 5.3 - 6　　　　　　　　　　X3a 工况下的计算结果

曼宁糙率	0.013	0.0132	0.0135	0.0138
托马临界断面 A_{th}/m^2	423.89	413.83	399.38	385.69
托马安全系数	0.981	1.005	1.041	1.078

1 号水力单元隧洞糙率敏感性计算结果见图 5.3 - 1。

5.3.1.2　理想孤网假定条件下的数值模型计算

理想孤网假定的目的就是为了排除对电网的模拟。原因很简单：在这种假定前提下分析模型被大大简化。该假定虽然不符合实际，但由于分析成果是偏保守的，因此得到广泛的应用。与解析公式计算法不同，传统的数值模型中包括了水轮机调速系统的模拟。在理想孤网运行假定前提下，调速器参数在合理范围内变动，对调压室的稳定性影响极小。由于调速器的调节品质和最佳参数的选定与隧调衬砌方式基本无关，因此将调速器参数定为：$B_t = 0.5$，$T_d = 8s$，$T_n = 0.6s$，$b_p = 0.04$。

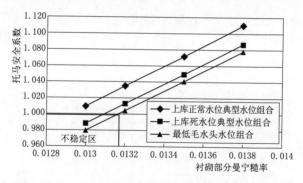

图 5.3-1 X1a、X2a、X3a 工况下的隧洞糙率敏感计算结果比较

（1）X1a 工况临界断面搜索计算❶。

计算工况：X1a（上库正常蓄水位水轮机满负荷典型工况）。

调压室总断面面积：387.81m²（$n=0.0135$ 时，得到的临界断面）。

引水隧道曼宁糙率：0.0135（ECIDI 推荐值）。

初始负荷：610MW×2。

负荷扰动量：−2.0%（−12MW 每机）。

图 5.3-2 为井内水位等幅波动，说明确实是处于"临界"状态。X1a 工况计算结果得到验证。

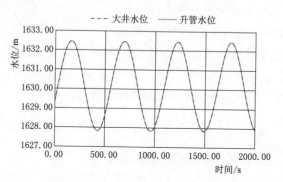

图 5.3-2 X1a 工况仿真计算 1

（2）X1b 工况临界断面搜索计算。

计算工况：X1b（上库正常蓄水位水轮机最佳负荷典型工况）。

调压室总断面：不同断面多次试算搜索。

引水隧道曼宁糙率：0.0135（ECIDI 推荐值）。

初始负荷：610MW×2。

---

❶ 所谓搜索计算是一组计算，就是通过一组不同调压井断面的多次计算，找出使调压室水面作等幅波动的调压室断面，该断面即临界断面。

负荷扰动量：-2.0%（-12MW 每机）。

图 5.3 - 3 结果表明，当调压室断面面积为 345.0m^2 时达到临界状态。由此可得调压室实际安全系数高达 $415.75/345.0 = 1.205$。

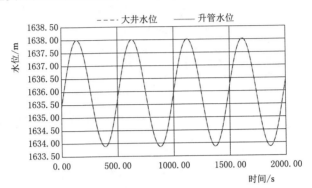

图 5.3 - 3　X1b 工况计算结果

（3）X1c 工况临界断面搜索计算。

计算工况：X1c（上库正常蓄水位水轮机 60% 负荷典型工况）。

调压室总断面：不同断面多次试算搜索。

引水隧道曼宁糙率：0.0135（ECIDI 推荐值）。

初始负荷：$432\text{MW} \times 2$。

负荷扰动量：-2.0%（-12MW 每机）。

图 5.3 - 4 结果表明，当调压室断面为 280.0m^2 时达到临界状态。由此可得调压室实际安全系数高达 $415.75/299.0 = 1.485$。这个计算结果充分反映了水轮机效率特性对调压室稳定临界断面的重大影响。

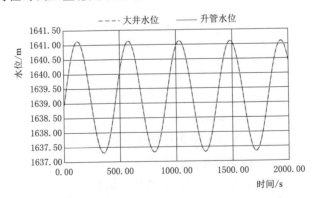

图 5.3 - 4　X1c 工况计算结果

图 5.3 - 5 为 X1a、X1b 和 X1c 工况计算结果比较，直观地反映了水轮机负荷对调压室临界断面的影响，但实际起主要影响作用的是水轮机效率特性。

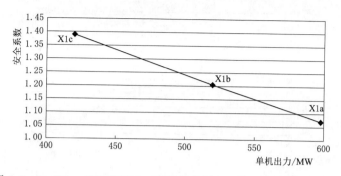

图 5.3 - 5 X1a、X1b 和 X1c 工况计算结果比较（全部满足稳定条件）

表 5.3 - 7 和图 5.3 - 6 为 X1a、X1b 和 X1c 工况不同方法计算结果比较，从表中可知，由于 ECIDI/Norconsult 公式 [式（5.3 - 1）] 正确地反映了水轮机效率特性的作用，该公式的计算结果与传统的数值模型法计算结果一致性良好，而《水电站调压室设计规范》（DL/T 5058—1996）中公式则只是在最佳效率工况 X1b 时与数值解相近。

$$A_s > \frac{LA_1}{2g\left(\alpha + \dfrac{1}{2g\eta}\right)\left[\dfrac{H_r}{\delta} - \dfrac{h_{w0}}{\delta} - \left(2 + \dfrac{1}{\delta}\right)h_{wm} + 2h_v\right]} \tag{5.3 - 1}$$

其中
$$\eta = \frac{A_C^2}{A_T^2}, \quad e_h = \frac{\partial \eta}{\partial H}\frac{H_o}{\eta_o}, \quad e_q = \frac{\partial \eta}{\partial Q}\frac{Q_o}{\eta_o}$$

式中：η 为调压室底部过井断面面积与引水道断面面积之比的平方；e_h 为水轮机相对效率对相对水头变化率；e_q 为水轮机相对效率对相对流量变化率。

表 5.3 - 7 1 号水力单元 X1a、X1b 和 X1c 工况不同方法计算结果比较

单机出力/MW	（初 432）420	（初 522）510	（初 610）598	备　注
数值模型计算所得实际安全系数	1.39	1.205	1.07	全部满足稳定条件
ECIDI/Norconsult 公式计算所得实际安全系数	1.400	1.213	1.072	全部满足稳定条件
1996 年调压室规范公式计算所得实际安全系数	1.22	1.18	1.15	全部满足稳定条件

在上述计算中，ECIDI/Norconsult 公式中的 δ 取值为：X1a 工况下 $\delta = 1.13$，X1b 工况下 $\delta = 1.0$，X1c 工况下 $\delta = 0.9$。

（4）上水库死水位典型工况数值模型计算。

计算工况：X2a、X2b、X2c（上库死水位典型工况）。

调压室总断面：（不同断面多次试算搜索）。

引水隧道曼宁糙率：0.0135（ECIDI 推荐值）。

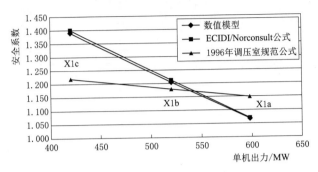

图 5.3-6　1 号水力单元 X1a、X1b 和 X1c 工况不同方法计算结果比较

初始负荷：600MW×2，522MW×2，432MW×2；由于水头不足，水轮机初始出力达不到 610MW。

负荷扰动量：−2.0%（−12MW 每机）。

上水库死水位典型工况数值模型计算结果见表 5.3-8 和图 5.3-7。

表 5.3-8　　　　　　　上水库死水位典型工况数值模型计算结果

工　　况	X2c	X2b	X2a	备　　注
单机出力/MW	（初 432）420	（初 522）510	（初 600）588	
实际安全系数	1.373	1.168	1.016	全部满足稳定条件
实际临界断面/m²	303	356	409	全部满足稳定条件

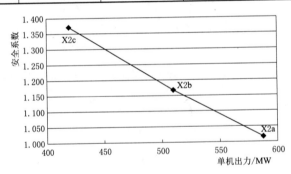

图 5.3-7　上水库死水位典型水位组合下数值模型计算结果（全部满足稳定条件）

（5）最低毛水头工况数值模型计算。

计算工况：X3a、X3b、X3c（最低毛水头工况）。

调压室总断面：（不同断面多次试算搜索）。

引水隧道曼宁糙率：0.0135（ECIDI 推荐值）。

初始负荷：600MW×2，522MW×2，432MW×2。

负荷扰动量：−2.0%（−12MW 每机）。由于水头不足，水轮机开度已达 99%。1 号水力单元最低毛水头工况数值模型计算结果见表 5.3-9 和图 5.3-8。

表 5.3-9 1号水力单元最低毛水头工况数值模型计算结果

工 况	X3c	X3b	X3a	备 注
单机出力/MW	（初 432）420	（初 522）510	（初 590）578	
实际安全系数	1.359	1.158	1.009	全部满足稳定条件
实际临界断面/m²	306	359	412	全部满足稳定条件

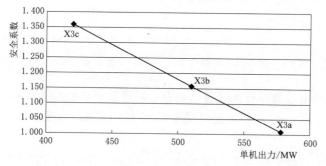

图 5.3-8 最低毛水头工况值模型计算结果（全部满足稳定条件）

5.3.1.3 理想孤网假定条件下调速器特性对调压室临界断面的影响

在理想孤网运行假定前提下，调速器参数在合理范围内变动对调压室的稳定性影响极小。由于调速器的调节品质与最佳参数的选定与隧调衬砌方式基本无关，因此将调速器参数定为：$B_t=0.5$，$T_d=8s$，$T_n=0.6s$，$b_p=0.04$。

调速器速动性降低后的 X3c 工况验算如下：

计算工况：X3a（最低毛水头满负荷工况）。

调压室总断面：412m²（正常调速参数下的临界断面）。

引水隧道曼宁糙率：0.0135（ECIDI 推荐值）。

初始负荷：600 MW×2。

负荷扰动量：−2.0%（−12MW 每机）。

调速器参数：$B_t=0.5$，$T_d=8s$，$T_n=0.6s$，$b_p=0.04$。

从图 5.3-9 数值模型计算结果可以看到，调压室内的水位波动是轻度发散的，系统由正常调速参数下的临界状态变成了不稳定状态。

对于调压室小波动稳定分析而言，理想孤网运行假定是一种以简化分析模型为目的且相当偏保守的假定。但是，即使是在这种相当保守的假定前提下，无论是用解析公式法还是用数值仿真计算法，1号水力单元都能满足稳定性要求。在上库正常蓄水位典型水位组合工况下，调压室托马安全系数为1.07。在上库死水位典型水位组合工况下，调压室托马安全系数为1.016。在最低毛水头水位组合工况下，调压室托马安全系数为1.009。

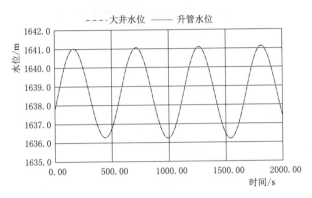

图 5.3-9　调速器速动性降低后的 X3c 工况验算结果 (轻度发散)

隧道的糙率参数敏感性计算成果表明，只要 1 号水力单元引水隧道的曼宁糙率值不小于 0.0132，即使是在最小毛水头工况下，调压室的托马安全系数就会大于 1.0。

在解析公式计算中，由 ECIDI 和 Norconsult 公司合作在 2010 年推出的最新修正公式 ECIDI/Norconsult 公式与数值仿真计算结果有很高的一致性。而 1996 年版调压室规范推荐公式的误差却很大。原因主要是 1996 年版调压室规范推荐公式中没有考虑水轮机特性的影响。

数值仿真计算成果表明，由于水轮机特性的影响，机组在负荷最佳工况点或低于负荷最佳工况点运行，调压室的小波动稳定性大幅度增加。以 70% 额定负荷为例，调压室实际安全系数可大幅增加到 1.35 以上。

数值仿真计算成果表明在理想孤网假定条件下，降低调速器的速动性不但不能增加调压室的小波动稳定性，反而会使其轻度恶化。

5.3.2　输水发电系统调压室涌波水位叠加分析

以研究上涌波为主要目的的组合类大波动计算工况见表 5.3-10。

表 5.3-10　以研究上涌波水位为主要目的的组合类大波动计算工况

计算工况	上游水位/m	下游水位/m	初 始 工 况	叠 加 工 况	计 算 目 的
Z1	1646.00	1330.10	正常蓄水位，一台机运行	另一台增荷，经过 ΔT 时间后两台机同时甩负荷	求上游调压室最高涌波水位、溢流总量
Z1-1	1640.00	1330.10	死水位，一台机运行	另一台增荷，经过 ΔT 时间后两台机同时甩负荷	
Z2	1658.00	1353.40	校核洪水位，一台机运行	另一台增荷，经过 ΔT 时间后两台机同时甩负荷	

续表

计算工况	上游水位/m	下游水位/m	初始工况	叠加工况	计算目的
Z2-1	1646.00	1326.90	正常蓄水位，一台机组超出力运行，另一台机组增全负荷	经过 ΔT 时间后，两台机组同时甩全负荷	求限制连续甩荷时间 ΔT 和机组蜗壳最大压力
Z3	1658.00	1353.40	校核洪水位，两台机正常发电，其中一台机先甩负荷	经过 ΔT 时间后，另外一台机甩负荷	
Z3-1	1646.00	1326.90	校核洪水位，两台机组超出力时，一台机组甩全负荷	经过一段时间后，另一台机组甩全负荷	
Z4	1646.00	1330.50	正常蓄水位，两台机正常发电，其中一台机先甩负荷	经过 ΔT 时间后，另外一台机甩负荷	

以研究下涌波为主要目的的组合类大波动计算工况见表 5.3-11。

表 5.3-11 以研究下涌波水位为主要目的的组合类大波动计算工况

计算工况	上游水位/m	下游水位/m	负荷变化	叠加工况	计算目的
Z5	1640.00	1328.00	两台机相继增荷	一台机增荷，经过 ΔT 时间后第二台机增荷	求限制连续增荷时间 ΔT 和上游调压室最低水位
Z6	1640.00	1328.90	两台机正常发电，突甩全负荷	经过 $\Delta T1$ 时间后一台机增全负荷	
Z7	1640.00	1328.90	两台机正常发电，突甩全负荷	经过 $\Delta T1$ 时间后第一台机增全负荷，经过 $\Delta T2$ 时间后第二台机增全负荷	
Z8	1640.00	1328.90	两台机正常发电，其中一台机突甩全负荷	经过 ΔT 时间后甩负荷机组又增荷	

以研究调压室底板最大压差为主要目的的组合类大波动计算工况见表 5.3-12。

表 5.3-12 以研究调压室底板最大压差为主要目的的组合类大波动计算工况

计算工况	上游水位/m	下游水位/m	叠加工况	计算目的
Z9	1646.00	1325.90	两台不间断连续增荷，经过不利延时时间后两台机同时甩负荷	计算调压室底板最高压差
Z10	1640.00	1325.90		
Z11	1658.00	1353.40		

需说明的是工况 Z2 和 Z3 为组合工况。对于组合工况,由于不同的叠加时间点对应的计算结果不同,考虑到机组今后的运行方式及相对较危险的叠加时刻点,初步计算叠加时间点暂取流进调压室流量最大时刻及调压室水位最高的时刻。

考虑到水电机组的运行比较灵活,工况转换频繁,因此,从安全角度出发,仍需对较危险的组合工况进行复核。对于组合工况,由于不同的叠加时间点对应的计算结果不同,考虑到机组今后的运行方式及相对较危险的叠加时刻点,初步计算叠加时间点暂取流进调压室流量最大时刻及调压室水位最高的时刻,关闭规律取 12s 一段直线关闭。

组合工况计算结果见表 5.3 - 13。从表 5.3 - 13 可知:对于初步选取的危险叠加时刻点,组合工况的计算结果均比常规工况恶劣。对于组合工况 Z2 和 Z2 - 1,即一台机组正常运行,另一台机组开启,经过一段时间后,两台机组同时甩负荷,计算结果表明除转速最大上升率略超过控制标准外,机组蜗壳最大内水压力及尾水管进口最小压力均未超过控制标准,且有一定的安全裕量;因此,可以认为运行中即使发生该组合工况,调保参数还是能够满足控制标准。对于组合工况 Z3 和 Z3 - 1,即两台机组正常运行,一台机组发生甩负荷,间隔一段时间后,另一台机组发生相继甩负荷,机组蜗壳最大内水压力为 407.98m,尾水管进口最小压力为 -4.64m,均接近于控制标准,且转速最大上升率为 56.1%,超出控制标准较多;因此对于相继甩负荷的工况,需对连续甩负荷时间间隔有一定的限制。

表 5.3 - 13　　　　组合工况 12s 一段直线关闭规律计算结果

工况	叠加时刻/s	机组号	蜗壳进口最大压力/m	机组转速最大上升率/%	尾水进口最小压力/m
Z2	249.7 (Q_{max})	7	386.00	44.6%	25.31
		8	386.00	44.6%	25.28
	403.0 (Z_{max})	7	391.09	47.3%	24.65
		8	391.09	47.3%	24.66
Z2 - 1	249.1 (Q_{max})	7	377.15	48.1%	-2.84
		8	377.15	48.1%	-2.87
	404.0 (Z_{max})	7	381.44	50.9%	-3.38
		8	381.43	50.9%	-3.39
Z3	27.7 (Q_{max})	7	375.12	44.9%	24.94
		8	401.74	50.0%	24.22
	117.6 (Z_{max})	7	375.12	44.9%	24.94
		8	407.98	51.6%	23.54

工况	叠加时刻/s	机组号	蜗壳进口 最大压力/m	机组转速 最大上升率/%	尾水进口 最小压力/m
Z3-1	36.6（Q_{max}）	7	370.89	48.4%	-3.32
		8	401.46	55.4%	-4.19
	81.8（Z_{max}）	7	367.82	48.4%	-3.32
		8	402.22	56.1%	-4.64

注　Q_{max}对应于流进调压室流量最大时刻；Z_{max}对应于调压室水位最高时刻。

　　根据计算，调压室的最低涌波水位发生在上游死水位下，机组增负荷的工况。对于死水位发电，机组相继增负荷的工况（Z5及Z10），调压室内的最低涌波较低。Z5工况下，即上游死水位1640.00m，下游尾水位1328.00m，一台机组由空载增至全负荷，流出调压室流量最大时刻，另一台机增全负荷，调压室最低涌波水位为1576.72m。尽管高于大井底板高程1575.20m，但安全裕量较小，不能满足规范规定大井底板2m安全水深的要求。Z10工况下，调压室的最低涌波水位为1577.30m，安全裕量较小；因此，对于机组连续增负荷的工况，需人为控制两台机组相继增负荷的时间间隔，从而保证该工况下，调压室的最低涌波水位能够满足规范要求。对于死水位下，机组甩负荷后，间隔一段时间增负荷的工况Z7，在较危险的叠加时刻点，调压室内可能发生漏空情况；因此，对于甩完负荷后，机组重新开启的工况，需对机组重新开启时间做出限制。

　　对于机组甩负荷后重新开启的工况Z7，在较危险的叠加时刻点，调压室内的最低涌波低于大井底板高程，发生漏空的情况。因此，对于甩完负荷后，机组重新开启的工况，需对机组重新开启时间做出限制，保证调压室的安全。在Z7工况下，两台机组甩完负荷后，计算在不同的时间间隔内一台机组开启时对应的调压室最低涌波水位。由计算结果可以看出，Z7工况下两台机组先全部甩负荷后，一台机组重新开启的时间间隔为140~335s时，调压室内会发生漏空情况；为了保证调压室内的最低涌波水位能够满足调保计算要求，且留有一定的安全裕量，当机组甩负荷后，重新开启的时间间隔需保证在380s以上，此时对应的调压室最低涌波水位为1583.64m。Z7工况下两台机组甩负荷后调压室内第一波的最低涌波水位为1588.04m，说明在直线段对应的时间段内开启一台机组后得到的最低涌波水位高于第一波的最低涌波水位。另外，该计算结果只是对应于甩完负荷后一台机组重新开启的工况，对于再间隔一段时间另一台机组相继开启的工况需进行进一步复核。

　　引水管道中部分管道最小压力会超过控制标准，主要是因为上游死水位发生机组甩负荷后，调压室的升管水位快速上升，在调压室底部形成了较大的压力，并传播到引水隧洞中来回振荡。当调压室的涌波降到最低，再叠加上水锤压力，就造成部分管段隧洞压力计算结果出现较小值。但考虑到调压室的周期较长，当调压室的水位降到最低时，实际隧洞中的水锤压力已经基本衰减，也就不会出现计算中出现的较小的压力，且最小压力极值发生在组合工况，发生概率较小，因此可以认为能够满足安全要求。

通过对锦屏二级水电站 1 号水力单元的机组关闭规律进行复核计算后认为，当机组关闭规律选取 12s 一段直线关闭时，对于选取的控制工况，尾水管进口最小压力能满足控制标准，且有一定的安全裕量，常规控制工况下蜗壳末端最大压力和机组的转速最大上升率也能控制在调保计算范围之内；但对于相继甩负荷的控制工况，对于较危险的两种相继甩组合工况，不同的相继甩负荷叠加时刻下，蜗壳末端的最大压力及机组尾水管进口最小压力均未超出控制标准，且极值基本出现在调压室水位最高时刻发生相继甩工况，但机组转速最大上升率在很长的一段时间范围内（4～248s）均超过了控制标准。因此，要控制机组转速不超过控制标准，相继甩负荷的时间间隔需控制在 4s 以内。

针对上游差动式调压室的涌波水位，选取水电站将来运行时可能发生的不利工况，对调压室的体型参数进行了复核。相关计算结果表明：调压室大井内的可能发生的最高涌波水位为 1688.13m，升管内的最高涌波水位为 1689.44m，均未超过启闭机平台高程 1696.50m，且有一定的安全裕量；但最高涌波水位高于上室分隔墩顶部高程 1686.00m，会向相邻单元溢流。调压室大井底板最大压差为 71.82m，升管大井最大水位差为 68.33m，在设计大井底板及升管隔墙时，需保证结构有足够的强度进而保证调压室的安全。对于两台机组连续增负荷的工况，调压室内的最低涌波水位较低，尽管未发生漏空情况，但安全裕量较小；需人为控制两台机组相继增负荷的时间间隔，保证调压室的安全，建议两台机组相继开启的时间间隔为 120s。对于机组甩负荷后重新开启的工况，在较危险的叠加时刻点，调压室内的最低涌波水位低于大井底板高程，发生漏空情况；因此，对于甩完负荷后机组重新开启的工况，需对机组重新开启时间做出限制，以保证调压室的安全，建议机组甩完负荷后至少380s 后，再重新开启机组。

通过对锦屏二级水电站水力瞬变计算结果可以看出，为了同时将管道水压和机组转速限制在允许的范围内，建议采用 12s 一段直线关闭；对于相继甩负荷，相继甩负荷的时间间隔需控制在 4s 以内。对于两台机组连续增负荷的工况，调压室内的最低涌波较低；尽管未发生漏空情况，但安全裕量较小，需人为控制两台机组相继增负荷的时间间隔，保证调压室的安全，建议两台机组相继开启的时间间隔为 120s。对于机组甩负荷后重新开启的工况，在较危险的叠加时刻点，调压室内的最低涌波低于大井底板高程，发生漏空情况；因此，对于甩完负荷后机组重新开启的工况，需对机组重新开启时间做出限制，以保证调压室的安全，建议机组甩完负荷后至少380s后，再重新开启机组。

5.4 输水发电系统多工况水力瞬变过程分析

5.4.1 大波动水力过渡过程分析

鉴于该电站输水系统所具有的特长、大直径和高水头的特殊性以及非恒定流水力现象的复杂性，为配合尾部枢纽布置和输水道布置以及调压室型式优选，有必要进行输水发电系统水力瞬变的计算研究。在选定的引水道布置和上游调压室型式基础上，通过控制工况的计算分析，进行机组导叶关闭时间与规律、机组转动惯量 GD^2 值等参数优化研究。在选定上述参数后，对各种可能工况（包括组合工况）进行输水系统的水力－机械过渡过程大波动计算，得出控制条件下的调节保证参数，为输水建筑物设计和机组招标设计提供依据。大波动过渡过程计算结果应包括以下内容（但不限于）：①机组蜗壳的最大、最小内水压力；②尾水管进口处的最小内水压力；③尾水管出口处最大、最小内水压力；④高压管道上弯段、下弯段顶最大、最小水压力；⑤上游调压室底部隧洞最大、最小水压力；⑥导叶正常关闭时机组转速最大上升率；⑦上游调压室上室、大井最高、最低涌波水位；⑧进水口事故闸门井最高、最低涌波水位；⑨尾水出口事故闸门井最高、最低涌波水位。

1. 计算工况及组合工况介绍与说明

根据水力过渡过程大波动的要求，拟定下列工况进行计算。

（1）基本工况。

D1：上游水库校核洪水位 1658.00m，对应下游最高水位 1353.40m，两台机正常运行时甩全部负荷。

D2：上游水库设计洪水位 1657.00m，对应下游设计尾水位 1353.40m，一台机正常运行，另一台机由空载增至满出力运行。

D3：上游水库正常蓄水位 1646.00m，对应一台机正常运行尾水位 1330.10m，一台机正常运行时甩全部负荷。

D4：上游水库正常蓄水位 1646.00m，对应两台机正常运行尾水位 1330.50m，两台机正常运行时甩全部负荷。

D5：上游水库正常蓄水位 1646.00m，对应两台机正常运行尾水位 1330.50m，一台机正常运行，另一台机甩全部负荷。

D6：上游水库正常蓄水位 1646.00m，对应八台机正常运行尾水位

1333.50m，一个水力单元两台机正常运行时甩全部负荷。

D7：上游水库正常蓄水位 1646.00m，对应一台机正常运行尾水位 1330.10m，一台机正常运行时，另一台机由空载增至满出力运行。

D8：下游八台机正常运行尾水位 1333.50m，额定水头下对应上游水位 1641.30m，同一水力单元两台机正常运行时甩全部负荷。

D9：上游死水位 1640.00m，对应下游一台机运行尾水位 1328.30m，一台机正常运行时甩全部负荷。

D10：上游死水位 1640.00m，对应下游两台机运行尾水位 1328.90m，两台机正常运行时甩全部负荷。

D11：上游死水位 1640.00m，对应下游一台机运行尾水位 1325.90m（不考虑官地水库回水影响），一台机正常运行时甩全部负荷。

D12：上游死水位 1640.00m，对应下游两台机运行尾水位 1326.90m（不考虑官地水库回水影响），两台机正常运行时甩全部负荷。

D13：上游死水位 1640.00m，对应下游一台机运行尾水位 1330.10m，一台机正常运行，另一台机由空载增至满出力运行。

（2）组合工况。

Z1：上游正常蓄水位 1646.00m，对应下游一台机运行尾水位 1330.10m，一台机正常运行，另一台机增负荷，在最不利时刻两台机组同时甩负荷。

Z2：上游死水位 1640.00m，对应下游一台机运行尾水位 1328.30m，一台机正常运行，另一台机增负荷，在最不利时刻两台机组同时甩负荷。

Z3：上游正常蓄水位 1646.00m，对应下游八台机发电尾水位 1333.50m，两台机正常运行突甩全部负荷，在最不利时刻两台机连续增负荷。

Z4：上游正常蓄水位 1646.00m，对应下游八台机运行尾水位 1333.50m，在最不利时刻两台机连续增负荷。

Z5：上游死水位 1640.00m，对应下游最低尾水位 1328.00m，在最不利时刻两台机连续增负荷。

Z6：上游死水位 1640.00m，对应下游两台机运行尾水位 1328.90m，两台机正常运行突甩全部负荷，在最不利时刻两台机连续增负荷。

Z7：上游死水位 1640.00m，对应下游两台机运行尾水位 1328.90m，两台机正常发电，其中一台机突甩全负荷在最不利时刻甩负荷机组增负荷。

（3）基本工况说明。工况 D1（上游水库校核洪水位 1658.00m，对应下游最高水位 1352.40m，两台机正常运行时甩全部负荷）为上游高水位的甩负荷工况，因此该工况可能是蜗壳最大动水压力，以及沿上游管线最大压力分布和上游调压室最高涌波的控制工况。

工况 D8（下游八台机正常运行尾水位 1333.50m，额定水头下对应上游水位 1641.30m，同一水力单元两台机正常运行时甩全部负荷）为额定工况，该工况引用流量最大，因此是机组最大转速上升的控制工况。

工况 D11（上游死水位 1640.00m，对应下游一台机运行尾水位 1325.90m，一台机正常运行时甩全部负荷）和工况 D12（上游死水位 1640.00m，对应下游两台机运行尾水位 1326.90m，两台机正常运行时甩全部负荷）为下游低水位的甩负荷工况，因此这两个工况可能是尾水管最大真空度的控制工况。

工况 D13（上游死水位 1640.00m，对应下游一台机运行尾水位 1330.10m，一台机正常运行，另一台机由空载增至满出力运行）为上游低水位的增负荷工况，该工况可能是蜗壳最小动水压力，沿上游管线的最小压力分布以及上游调压室的最低涌波的控制工况。

（4）组合工况说明。有调压室，就存在波动叠加。工况 Z1（上游正常蓄水位 1646.00m，对应下游运行尾水位 1330.10m，一台机正常运行，另一台机增负荷，在最不利时刻两台机组同时甩负荷）是上游调压室的最高涌波水位的控制工况，同时也有可能是机组蜗壳最大内水压力和沿上游管线最大压力分布的控制工况。

工况 Z2（上游死水位 1640.00m，对应下游运行尾水位 1328.30m，一台机正常运行，另一台机增负荷，在最不利时刻两台机组同时甩负荷）为尾水调压室最低涌波水位的控制工况，同时也有可能是尾水管最大真空度的控制工况。

工况 Z3（上游死水位 1640.00m，对应两台机正常运行时下游水位 1326.66m，两台机突甩全部负荷，在最不利时刻第一台机增负荷，经过一段时间第二台机增负荷）和工况 Z4（上游正常蓄水位 1646.00m，对应下游八台机运行尾水位 1333.50m，在最不利时刻两台机连续增负荷）为尾水调压室最高涌波水位的控制工况。

工况 Z5（上游死水位 1640.00m，对应下游最低尾水位 1328.00m，在最不利时刻两台机连续增负荷）和工况 Z6（上游死水位 1640.00m，对应下游两台机运行尾水位 1328.90m，两台机正常运行突甩全部负荷，在最不利时刻两台机连续增负荷）以及 Z7（上游死水位 1640.00m，对应下游两台机运行尾水位 1328.90m，两台正常发电，其中一台机突甩全负荷在最不利时刻甩负荷机组增负荷）为上游调压室最低涌波水位的控制工况，同时也有可能是沿上游管线最小压力分布的控制工况。

过渡过程大波动极值汇总见表 5.4－1，由表可知：

1）机组蜗壳末端最大内水压力发生在工况 D1（上游水库校核洪水位 1658.00m，对应下游最高水位 1352.40m，两台机正常运行时甩全部负荷），

表 5.4 - 1 过渡过程大波动极值汇总表（12s 一段直线关闭规律）

计 算 参 数			控制值	发生工况
蜗壳末端水压力	最大值 $H_{c\,max}/m$	7 号机组	372.81	D1
		8 号机组	372.72	D1
	最小值 $H_{c\,min}/m$	7 号机组	226.41	Z6
		8 号机组	226.17	Z6
尾水管进口水压力	最大值 $H_{w\,max}/m$	7 号机组	39.69	D1
		8 号机组	39.50	D1
	最小值 $H_{w\,min}/m$	7 号机组	−1.72	D12
		8 号机组	−2.76	D12
尾水管出口水压力	最大值 $H_{b\,max}/m$	7 号机组	53.57	D1
		8 号机组	53.36	D1
	最小值 $H_{b\,min}/m$	7 号机组	22.48	D12
		8 号机组	22.51	D12
机组转速最大上升率 $\beta_{max}/\%$		7 号机组	45.36	D8
		8 号机组	45.38	D8
高压管道上平洞段末端水压力	最大值 $H_{s\,max}/m$	7 号机组	120.99	D1
		8 号机组	120.93	D1
	最小值 $H_{s\,min}/m$	7 号机组	出现负压	Z6
		8 号机组	出现负压	Z6
上游调压室底部隧洞中心水压力	最大值 $H_{t\,max}/m$		120.83	D1
	最小值 $H_{t\,min}/m$		出现负压	Z6
进水口事故闸门室涌波水位	最高水位/m		1658.38	D1
	最低水位/m		1638.39	Z6
上游调压室涌波水位	竖井涌波水位	最低水位/m	1544.14	Z6
	上室涌波水位	最高水位/m	1689.28	D1
尾水调压室涌波水位	最高水位/m		—	
	最低水位/m		—	
尾水出口事故门室涌波水位	最高水位/m		1354.08	D1
	最低水位/m		1320.93	D11

其值为 372.81m（7 号机组）；机组蜗壳末端最小内水压力发生在工况 Z6（上游死水位 1640.00m，对应下游两台机运行尾水位 1328.90m，两台机正常运行突甩全部负荷，在最不利时刻两台机连续增负荷）其值为 226.17m（8 号机组），此时引水道出现较大的负压，不能满足要求，需对此问题进行详细研究。

2）尾水管最小内水压力的控制工况为 D12（上游死水位 1640.00m，对应下游一台机运行尾水位 1326.90m，两台机正常运行时甩全部负荷），尾水管最小内水压力为 －2.76m（8 号机组）。

3）机组转速最大上升率的控制工况为额定工况 D8，即额定水头、额定流量下的甩负荷工况；机组转速最大上升率为 45.38％（8 号机组）。

4）上游调压室最高涌波水位的控制工况为 D1（上游水库校核洪水位 1658.00m，对应下游最高水位 1352.40m 两台机正常运行时甩全部负荷），该工况下上游水位最高，计算得到上游闸门井最高涌波水位为 1658.38m，上游调压室最高涌波水位为 1689.28m；上游调压室最低涌波水位的控制工况为 Z6（上游死水位 1640.00m，对应下游两台机运行尾水位 1328.90m，两台机正常运行突甩全部负荷，在最不利时刻两台机连续增负荷），上游闸门井最低涌波水位为 1638.39m，上游调压室最低涌波水位为 1544.14m，不满足设计要求。

5）下游闸门井最高涌波的控制工况为 D1（上游水库校核洪水位 1658.00m，对应下游最高水位 1352.40m，两台机正常运行时甩全部负荷），该工况下，下游水位最高，下游闸门井最高涌波水位为 1354.08m。下游闸门井最低涌波的控制工况是 D11，下游闸门井最低涌波水位为 1320.93m。

6）上游调压室阻抗孔底板向上最大压差为 17.24m，发生在工况 Z1（上游正常蓄水位 1646.00m，对应下游一台机运行尾水位 1330.10m 一台机正常运行，另一台机增负荷，在最不利时刻两台机组同时甩负荷），向下最大压差为 9.30m 发生在工况 Z6（上游死水位 1640.00m，对应下游两台机运行尾水位 1328.90m，两台机正常运行突甩全部负荷，在最不利时刻两台机连续增负荷）。

通过上述计算结果，可以得出以下结论：

1）二洞室方案的大波动过渡过程主要取决于超长引水隧洞的水力特性，上游调压室最高涌波水位不仅决定了引水隧洞最大压力分布，而且决定了压力管道的最大压力分布。

2）上游调压室最低涌波水位在工况 Z6 下远远不能满足要求，为了避免出现较大的负压建议采取相应的工程措施。

3）二洞室方案的尾水管最小内水压力为 －2.76m，该值在控制的范围内，另外除机组转速最大上升率大约 2％以外，其他主要调保参数基本一致，因此从大波动角度看，应该采取适当的工程措施保证调压室最低涌波水位满足要求。

2．大波动敏感性分析

由于 8 条高压管道长度不等，需要进行上游调压室与厂房之间不同间距的过渡过程敏感性分析，以论证 1 号水力单元过渡过程是否满足大波动过渡过程的稳定性要求。经过计算发现：

（1）随着调压室与厂房距离的增加，工况 D3 下的水击压力增加比较明显，但都小于工况 D1 下的蜗壳最大动水压力值。蜗壳最大动水压力均是由上游调压室涌波决定的，因此改变上游调压室与厂房距离对蜗壳最大动水压力敏感性不强。

（2）上游调压室与厂房间距离对尾水管最大真空度的影响比较小，其最大尾水管最大真空度均满足设计要求。

（3）调压室与厂房间距离的增加会增大机组的最大转速上升。当调压室与厂房距离增加到 150m 时，机组转速最大上升率由 48.35% 增加到 49.71%，仍满足小于 50% 的要求。

5.4.2　输水发电系统水力干扰分析

锦屏二级水电站同一水力单元机组组之间的水力干扰问题比较严重，其重要性应该远在被过度关注的调压室小波动稳定问题之上。锦屏二级水电站在常态运行工况下都存在水力干扰问题，若处理不当对机组的安全运行可能存在潜在的威胁。

1. 水力干扰研究目的

水力干扰研究的主要研究对象是被扰机组，这个被扰机组必须是仍未脱网的带负荷运行机组，因为机组一旦脱网就没有研究的必要了。因此机组间的水力干扰与机组的并网运行方式与电网本身密切相关，而并不单单是一个"水"与"机"两个子系统的互动问题，而是"水""机"和"电"三个子系统之间的事。

（1）孤网运行中的单机孤网和多机孤网问题。所谓单机孤网，指的是模型中的每一台机组都分别供一个独立的网。两台机就两个网，三台就三个网，互不相连；所谓多机孤网是指模型中的所有机组供同一个网。由于机组间干扰问题研究总是涉及两台以上的机组，而这两种情况下的后果完全不同，有必要对它们加以区别。

（2）水电厂运行控制中的一次调节与二次调节问题。一次调节指的是机组层面的调速系统与励磁系统对机组转速、出力及输出电压的自动调节过程；而二次调节可以是人为的，也可以是由二次调节设备（例如 AGC）的自动调节；二次调节可以是针对单机的，也可是多机成组调节。在大电网运行中，所有机组的调节一般都是有差调节；实现无差调节须由二次调节完成。

（3）电厂在电网中所担任的角色与机组并网运行方式。一般的电厂在电网中担任"调频"（这里一般是指无差调频）"调功""调峰"和"带基荷"等任务，均为二次调节，这些都无法通过一次调节系统的自动调节过程完成；因此，二次调节设备或有时人为调节是必须的。在没有二次调节的情况下，人为调节机组调速器的频率给定或功率给定以调节机组的负荷或网频的操作也属于二次调节行为。另一方面，"机组并网运行方式"指的是机组并网后调速器本身是无差调频、有差调频以及自动调功这三种可能的运行方式。这三种方式中的第一种无差调频限制最多，它必须满足以下条件：①电网容量小；②电网中无其他无差调频机组，包括参与二次调频的机组；③本厂如有二次调频设备也不能同时运行。

第三种自动调功方式的应用极为稀有，因为并不是所有调速器都支持自动调功运行，而且对电网频率稳定性不利（电网频率波动时不参与调节）；另一个问题是在电厂有调压室时，这种方式不支持亚托马调压室的运行。经过论证，锦屏二级水电站 4 号水力单元调压室为亚托马调压室，这就否定 4 号水力单元机组采用自动调功运行方式的可能。第二种有差调频，也称频率调差，应用最普遍。机组做有差调频运行时，水电站通过二次调节能毫无差错地担任"调频""调功""调峰"和"带基荷"等的任何一项任务。

（4）水力干扰瞬变流计算及分析方法。由图 5.4-1～图 5.4-3 可以看出：三种并网调节模式下，上游调压室水位波动均是收敛的，被干扰机组出力振动幅度均在规范和依托工程机组合同文件规定的范围之内，水力干扰各项计算指标均能满足要求。

真机实际运行模式为功率调节模式，根据功率调节模式数值计算结果，依托工程机组可能产生的最大出力摆动幅度为 8.86%，被干扰机组出力振动幅度均在规范和依托工程机组合同文件规定的范围之内，水力干扰各项计算指标均能满足要求，并留有较大的安全裕度。

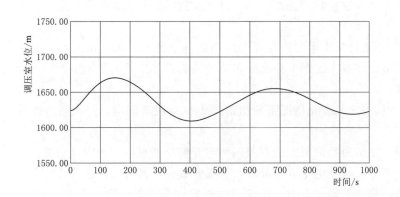

图 5.4-1 理想大电网调功运行调压室水位变化

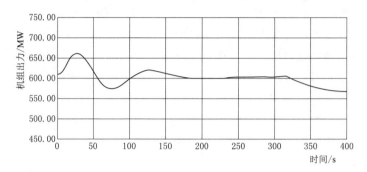

图 5.4 - 2　大电网调功模式下控制工况被干扰机组出力变化过程

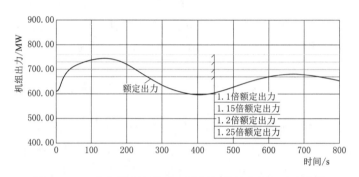

图 5.4 - 3　大电网调频模式下控制工况被扰机组功率变化

2. 大电网机组有差调频运行情况下的水力干扰研究

根据当前的情况，锦屏二水电站并大电网的运行方式只能有一种，那就是有差调频。但在有差反馈的实现上有两种可能，即由开度反馈形成的有差调频和由出力反馈形成的有差调频。这两种方案各有优缺点。

（1）由开度反馈形成的有差调频主要优点是实现容易，稳定性好。缺点如下：

1）不支持功率给定。在并大电网运行前提下，机组出力点的调节是通过二次调节设备或人工调节频率给定来完成的；如果是人工调节，出力点很难一次调准。

2）机组水头变化情况下机组的出力也会跟着波动，只有通过二次调节来补偿。

（2）由出力反馈形成的有差调频与开度反馈对应，出力反馈的缺点是测功比测开度难，测功的噪音一般较大，噪音成分一旦进入调速器，就会造成不稳定。所以测功是要滤波的，滤波的时间常数一般默认取值在 60s 以上，100～200s 是常有的。出力反馈的优点如下：

1）支持功率给定。如果是人工调节，静态出力点可一次调准。

2）出力的静态稳定性好，也就是说时间稳定性好，但不能保证短时动态出力也是稳定的。

影响短时动态出力稳定性的主要因素有两个，一个是频率调差率，另一个是测功滤波时间常数。需要强调的是，不少过渡过程仿真软件这部分的数值模型根本不考虑滤波造成的时间滞后，其仿真结果的对错可想而知。

上述两种反馈方案中，以第一种在电厂里的运用较多。对一般有二次调节设备的水电厂而言，第一种方案已够好了。但是对锦屏二级水电站而言，第二种方案的抗水力干扰能力在参数适当的情况下是有优势的。（电网假定理想大电网；机组运行方式有差调频，调差率为0.04。）

1号水力单元计算工况见表5.4-2。

表5.4-2　　　　　　　　　水力干扰计算要求工况

计算工况	上游水位/m	下游水位/m	负荷变化	计算目的
GR1	1646.00	1331.03	2台→1台	分析甩负荷机组对正常运行机组的影响
GR2	1640.00	1331.03	2台→1台	分析甩负荷机组对正常运行机组的影响
GR3	1646.00	1331.03	1台→2台	分析增负荷机组对正常运行机组的影响
GR4	1640.00	1331.03	1台→2台	分析增负荷机组对正常运行机组的影响

1号水力单元用开度反馈的有差调频水力干扰计算，计算前提条件见表5.4-3，相应机组变量过程见图5.4-4。

表5.4-3　　　　　　　1号水力单元各工况计算前提条件

前提条件	GR1工况	GR2工况	GR3工况	GR4工况
初始出力	2×610MW	2×609.4MW	610MW/0MW	610MW+0MW
初始开度			0.88/0.09	0.915+0.1
仿真过程	一台突甩负荷	一台突甩负荷	扰动机组以75s从空载增到610MW开度	扰动机组以75s从空载增到610MW开度

4号水力单元用开度反馈的有差调频水力干扰计算，计算前提条件见表5.4-4，相应机组变量过程见图5.4-5。

表5.4-4　　　　　　　4号水力单元各工况计算前提条件

前提条件	GR1工况	GR2工况	GR3工况	GR4工况
初始出力	2×610MW	2×610MW	610MW/0MW	610MW/0MW
初始开度	2×0.93	2×0.98	0.875/0.09	0.91/0.09
仿真过程	一台突甩负荷	一台突甩负荷	扰动机组以75s从空载增到610MW开度	扰动机组以75s从空载增到610MW开度

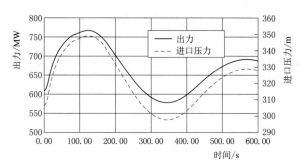

（a）GR1工况受扰机组

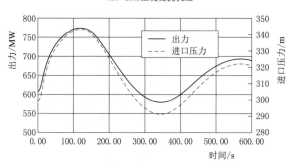

（b）GR2工况受扰机组

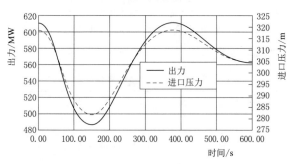

（c）GR3工况受扰机组

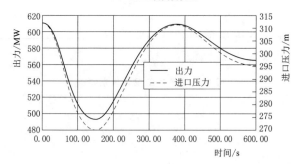

（d）GR4工况受扰机组

图 5.4－4　1 号水力单元受扰机组变量过程

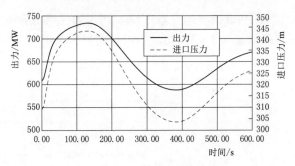

（a）GR1工况受扰机组

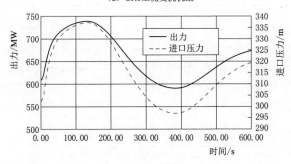

（b）GR2工况受扰机组

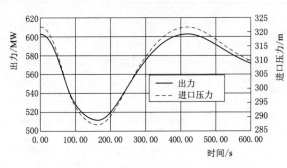

（c）GR3工况受扰机组

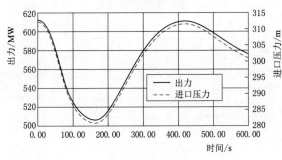

（d）GR4工况受扰机组

图 5.4-5　4号水力单元受扰机组变量过程

1号水力单元（测功滤波时间常数100s）用出力反馈的有差调频水力干扰计算，计算前提条件见表5.4-5，相应机组变量过程见图5.4-6。

表 5.4-5　　　　　　　　　1号水力单元各工况计算前提条件

前提条件	GR1 工况	GR2 工况	GR3 工况	GR4 工况
初始出力	2×610MW	2×609.4MW	610MW/0MW	610MW/0MW
初始开度	2×0.95	2×1.0	0.88/0.1	0.915/0.1
仿真过程	一台突甩负荷	一台突甩负荷	扰动机组以75s从空载增到610MW开度	扰动机组以75s从空载增到610MW开度

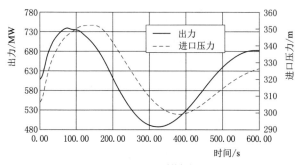

（a）GR1工况受扰机组

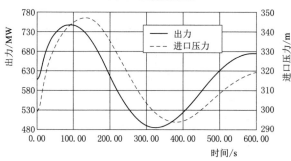

（b）GR2工况受扰机组

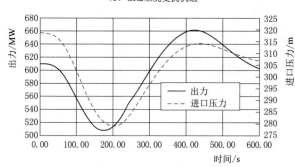

（c）GR3工况受扰机组

图 5.4-6（一）　1号水力单元受扰机组变量过程

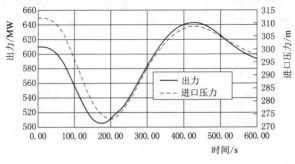

（d）GR4工况受扰机组

图 5.4-6（二）　1号水力单元受扰机组变量过程

4号水力单元（测功滤波时间常数100s）用出力反馈的有差调频水力干扰计算，计算前提条件见表5.4-6，相应机组变量过程见图5.4-7。

表 5.4-6　　　　　　　　　4号水力单元各工况计算前提条件

前提条件	GR1 工况	GR2 工况	GR3 工况	GR4 工况
初始出力	2×610MW	2×610MW	610MW/0MW	610MW/0MW
初始开度	2×0.93	2×0.98	0.875/0.09	0.91/0.09
仿真过程	一台突甩负荷	一台突甩负荷	扰动机组以75s从空载增到610MW开度	扰动机组以75s从空载增到610MW开度

3. 降低水力干扰程度的方法

数值仿真计算结果表明，锦屏二级水电站同一水力单元（特别是1号水力单元）机组之间的水力干扰程度是比较严重的。对锦屏二级水电站的初期研究中，曾建议采用自动调功运行方式来减少水力干扰的程度。但是由于做自动调功运行方式的水电站不支持亚托马调压室的运行，这一选项已经由于锦屏二级水电站隧道的全衬砌方案而排除。锦屏二级水电站并大网的运行方式只能有一种，那就是有差调频（频率调差）运行方式。

计算结果表明，采用出力反馈的有差调频运行方案比采用开度反馈方案在受扰机组出力正向偏差量和机组超出力方面有所改善，但在峰峰值方面有所恶化。由于对机组安全性威助最大的是机组的过度超出力，采用出力反馈方案并不能保证动态出力也是稳定的，而水力干扰所造成的严重的机组超出力正是一种运动态的出力偏移。影响动态出力稳定性的主要因素有两个：一个是频率调差率，另一个是测功滤波时间常数。事实上还有第三个重要因素，那就是乘积 $b_t \times T_d$。由于 b_t 和 T_d 这两个值与分转速调节的品质密切相关，不宜轻易变动，下面的讨论将不涉及第三个因素。由于测功环节的高噪声分量特点，测功滤波的长时间常数不可避免，否则会造成调速系统的不稳定。一般情况下测功

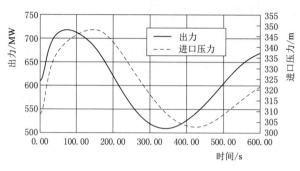

（a）GR1工况受扰机组

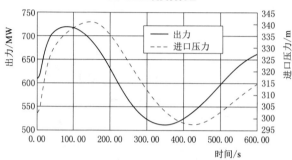

（b）GR2工况受扰机组

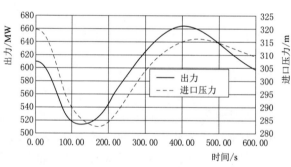

（c）GR3工况受扰机组

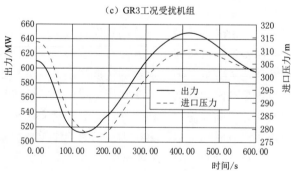

（d）GR4工况受扰机组

图 5.4-7　4 号水力单元受扰机组变量过程

滤器时间常数为 $100\sim200s$，上述所有有关计算中都采用100s。

经计算，认为测功滤器时间常数 $100\sim200s$ 默认值对于一般水电站是合适的，因为一般水电站关心的主要是出力的静态稳定性。采用较大的测功时间常数噪声滤波效果好；但对于锦屏二级水电站，机组的动态出力稳定性对抗衡水力干扰有利，因此这个滤波时间常数并非越大越好。如果采用滤波效果好的高阶滤波器或数值滤波方案，将等效滤波时间常数降到 $10\sim20s$ 之间也不是不可能的。

4. 水力干扰计算总结

1号和4号水力单元水力干扰计算结果比较见表5.4-7和表5.4-8。

表5.4-7　　　　　　　1号水力单元水力干扰计算结果比较

工况	有差反馈方式	最大正偏差/MW	正偏差百分比/%	最大负偏差/MW	负偏差百分比/%	波动峰峰值/MW	最大出力/MW
GR1	开度	156.82	25.71	−32.15	−5.27	188.97	766.82
	出力	129.02	21.15	−122.19	−20.03	251.20	739.02
GR2	开度	163.79	26.85	−30.21	−4.95	194.01	773.79
	出力	136.81	22.43	−123.91	−20.31	260.72	746.81
GR3	开度	1.89	0.31	−123.28	−20.21	125.17	611.89
	出力	51.38	8.42	−101.87	−16.70	153.26	661.38
GR4	开度	0.60	0.10	−129.96	−21.31	130.57	610.60
	出力	33.13	5.43	−104.23	−17.09	137.36	643.13

表5.4-8　　　　　　　4号水力单元水力干扰计算结果比较

工况	有差反馈方式	最大正偏差/MW	正偏差百分比/%	最大负偏差/MW	负偏差百分比/%	波动峰峰值/MW	最大出力/MW
GR1	开度	124.61	20.43	−21.72	−3.56	146.33	734.61
	出力	108.77	17.83	−100.54	−16.48	209.32	718.77
GR2	开度	129.49	21.23	−19.48	−3.19	148.97	739.49
	出力	108.89	17.85	−98.96	−16.22	207.85	718.89
GR3	开度	0.46	0.08	−103.15	−16.91	103.61	610.46
	出力	54.19	8.88	−95.44	−15.65	149.63	664.19
GR4	开度	0.00	0.00	−106.97	−17.54	106.97	610.00
	出力	38.37	6.29	−97.39	−15.96	135.75	648.37

水力干扰对机组安全的主要威胁是由于水头上升引起的被扰机组短时超出力。在相同稳态机组出力的前提下，毛水头越低，引水隧道的平均断面越小，水头损失越大，水力干扰的程度也就越严重。正如计算结果比较，1号水力单元在毛水头较低时水力干扰最为严重。如果采用一般水电站的运行控制参数，

某些工况条件下因这种干扰而造成的短时机组最高超出力可高达 27%，第一波超出力时间就可达 300s。

锦屏二级水电站的水力干扰问题虽然较为严重，但远未到不可控的程度。在调差反馈的两种可能方式中采用出力反馈可减少水力干扰的程度。在可能的情况下通过减少测功环节的滞后度和选用较高的频率调差率将因水力干扰而造成的机组短时超出力减到 12%～15%，并大大缩短超出力的时间是完全有可能的。

5.4.3　输水发电系统小波动稳定性分析

1. 小波动过渡过程计算理论与计算方法

计算方法是在大波动过渡过程计算理论和计算方法的基础上，加入调速器方程，直接求解负荷阶跃条件下，各种变量随时间的变化过程。增加的调速器方程如下：

$$\left(T'_n \frac{\mathrm{d}y}{\mathrm{d}t}+1\right)\left[T_y T_d \frac{\mathrm{d}^2 y}{\mathrm{d}t^2}+(T_y+b_t T_d+b_p T_d)\frac{\mathrm{d}y}{\mathrm{d}t}+b_p y\right]$$

$$=-\left(T_n \frac{\mathrm{d}\beta}{\mathrm{d}t}+1\right)\left(T_d \frac{\mathrm{d}\beta}{\mathrm{d}t}+1\right) \tag{5.4.1}$$

式中：y 为接力器相对行程；β 为机组相对转速；b_t、b_p 分别为暂态转差系数和永态转差系数；T'_n、T_n、T_y、T_d 分别为微分回路时间常数、测频微分时间常数、接力器反应时间常数和缓冲时间常数。

水轮发电机组的运动方程改写为

$$n=\left[n_0+0.1875(M_t+M_{t0}-M_g-M_{g0}+2e_g M_r)\Delta t/GD^2\right]/(1+e_g \Delta t/T_a) \tag{5.4.2}$$

式中：T_a 为机组加速时间常数；e_g 为电网负荷自调节系数；下标 t、g 分别表示水轮机和发电机；下标 0 表示上一计算时段的已知值；下标 r 表示额定值；M_g 为阻力矩。

2. 小波动过渡过程计算

根据锦屏二级水电站特点，考虑该水电站可能出现的各种水位组合，拟定以下小波动计算工况。

(1) 100% 满出力运行时突甩 10% 额定负荷。

X1：最大水头 321m，上游水位 1649.90m，下游水位 1328.90m，两台机组均带额定负荷，同时减 10% 额定出力。

X2：额定水头下，上游水位 1641.30m，下游水位 1333.50m，两台机组均带额定负荷，同时减 10% 额定出力。

X3：上游水位 1653.30m，下游水位 1351.20m，两台机组均正常运行，同时减 10% 额定出力。

（2）80％满出力运行时突甩10％额定负荷。

X4：最大水头321m，上游水位1649.90m，下游水位1328.90m，两台机组80％满出力运行，同时减10％额定出力。

X5：额定水头下，上游水位1641.30m，下游水位1333.50m，两台机组80％满出力运行，同时减10％额定出力。

X6：上游水位1653.30m，下游水位1351.20m，两台机组80％满出力运行，同时减10％额定出力。

（3）60％满出力运行时突甩10％额定负荷。

X7：最大水头321m，上游水位1649.90m，下游水位1328.90m，两台机组60％满出力运行，同时减10％额定出力。

X8：额定水头下，上游水位1641.30m，下游水位1333.50m，两台机组60％满出力运行，同时减10％额定出力。

X9：上游水位1653.30m下游水位1351.20m，两台机组60％满出力运行，同时减10％额定出力。

（4）10％满出力运行时突甩10％额定负荷。

X10：最大水头321m，上游水位1649.90m，下游水位1328.90m，两台机组10％满出力运行，甩全部负荷。

X11：额定水头下，上游水位1641.30m，下游水位1333.50m，两台机组10％满出力运行，甩全部负荷。

X12：上游水位1653.30m，下游水位1351.20m，两台机组10％满出力运行，甩全部负荷。

（5）空载运行。

X13：最大水头321m，上游水位1649.90m，下游水位1328.90m，两台机组均空载，一台机组带负荷。

X14：额定水头下，上游水位1641.30m，下游水位1333.50m，两台机组均空载，一台机组带负荷。

X15：上游水位1653.30m下游水位1351.20m，两台机组均空载，一台机组带负荷。

X16：最大水头321m，一台机组空载，一台机组带额定负荷，空载机组带负荷。

X17：额定水头下，上游水位1641.30m，下游水位1333.50m，一台机组空载、一台机组带额定负荷，空载机组带负荷。

X18：上游水位1653.30m，下游水位1351.20m，一台机组空载、一台机组带额定负荷，空载机组带负荷。

调速器参数首先按照斯坦因公式取值，即 $T_n=0.5T_w$，$b_p+b_t=1.5T_w/$

T_a，$T_d = 3T_w$，其中 T_w 取整个输水发电系统的水流加速时间常数，T_a 为机组加速时间常数。考虑到锦屏二级水电站远离电网，电网自负荷调节系数 $e_g = 0.0$。

在此基础上，以工况 X2（额定水头下，上游水位 1641.30m，下游水位 1333.50m，两台机组均带额定负荷，同时减 10% 额定出力）和工况 X3（上游水位 1653.30m，下游水位 1351.20m，两台机组均正常运行，同时减 10% 额定出力）为代表，对调速器参数进行整定。计算结果见表 5.4 - 9。

表 5.4 - 9　　　　　　　　　　　调速器参数整定结果

组号	T_d	T_y	b_p	b_t	T_n	e_g	调节时间/s	工况
1	10	0.002	0	0.6	1	0	57.6	X2
							57.6	X3
2	10	0.002	0	0.4	1	0	40.8	X2
							40	X3
3	7	0.002	0	0.6	1	0	29.6	X2
							28.8	X3
4	7	0.002	0	0.4	1	0	25.6	X2
							23.2	X3
5	7	0.002	0	0.4	0.8	0	24.8	X2
							22.4	X3
6	7	0.002	0	0.4	0.5	0	24.8	X2
							21.6	X3

通过以上结果可以看出，在两组工况下，取以上调速器参数时调节品质均较好，这里可以取进入稳定带宽较早的一组调速器参数：$T_n = 0.5$s，$b_t = 0.4$，$T_d = 7$s，$e_g = 0.0$。

对于空载工况，取调速器参数：$T_n = 0$s，$b_t = 1$，$T_d = 7$s，$e_g = 0.0$。

3. 小波动计算结果

取以上调速器参数进行小波动过渡过程计算，计算结果见表 5.4 - 10。

表 5.4 - 10　　　　　　　　　　上游调压室小波动计算结果

工况	机组号	机组最大转速/(r/min)	对应时间/s	N_1/(r/min)	对应时间/s	N_2/(r/min)	对应时间/s	调节时间/s	最大偏差	振荡次数	衰减度
X1	7	167.41	16.8	167.42	19.2	166.85	28.8	21.6	0.71	1	0.79
	8	167.39	16.8	167.41	19.2	166.84	29.6	21.6	0.69	1	0.80

续表

工况	机组号	机组最大转速 /(r/min)	对应时间 /s	N_1 /(r/min)	对应时间 /s	N_2 /(r/min)	对应时间 /s	调节时间 /s	最大偏差	振荡次数	衰减度
X2	7	171.99	3.2	167.61	16.8	167.64	20	24.8	5.29	0.5	0.82
	8	171.99	3.2	167.6	17.6	167.63	20	24.8	5.29	0.5	0.82
X3	7	172.02	3.2	167.02	32.8	167.05	41.6	21.6	5.32	0.5	0.93
	8	172.02	3.2	167.02	32.8	167.05	41.6	21.6	5.32	0.5	0.93
X4	7	166.77	28.8	166.87	35.2	166.72	43.2	13.6	0.07	0	0.71
	8	166.77	28.8	166.87	35.2	166.72	43.2	13.6	0.07	0	0.71
X5	7	170.19	3.2	166.79	28.8	166.92	35.2	15.2	3.49	0.5	0.94
	8	170.19	3.2	166.79	29.6	166.92	36	15.2	3.49	0.5	0.94
X6	7	170.48	3.2	166.86	34.4	166.87	39.2	17.6	3.78	0.5	0.96
	8	170.48	3.2	166.86	33.6	166.87	39.2	17.6	3.78	0.5	0.96
X7	7	169.46	4	166.77	29.6	166.84	35.2	14.4	2.76	0.5	0.95
	8	169.47	3.2	166.76	29.6	166.84	36	14.4	2.77	0.5	0.95
X8	7	169.52	3.2	166.77	29.6	166.86	35.2	14.4	2.82	0.5	0.94
	8	169.52	3.2	166.77	29.6	166.86	36	14.4	2.82	0.5	0.94
X9	7	169.5	3.2	166.81	32.8	166.82	40.8	15.2	2.8	0.5	0.96
	8	169.5	3.2	166.81	32.8	166.82	40.8	15.2	2.8	0.5	0.96
X10	7	168.72	3.2	166.7	43.2	166.71	49.6	12.8	2.02	0.5	1.00
	8	168.73	3.2	166.7	44	166.71	50.4	12.8	2.03	0.5	1.00
X11	7	168.82	4	166.7	43.2	166.72	50.4	13.6	2.12	0.5	0.99
	8	168.82	4	166.73	34.4	166.7	44	13.6	2.12	0.5	1.00
X12	7	168.85	4	166.7	62.4	166.71	77.6	13.6	2.15	0.5	1.00
	8	168.85	4	166.7	61.6	166.71	77.6	13.6	2.15	0.5	1.00
X13	7	166.7	30.4	166.7	33.6	166.7	42.4	0.08	0	0.5	/
	8	166.7	35.2	166.7	37.6	166.7	47.2	0.00	0	0	/
X14	7	166.7	30.4	166.7	34.4	166.7	43.2	0.04	0	0.5	/
	8	166.7	33.6	166.7	37.6	166.7	46.4	0.00	0	0	/
X15	7	166.6	3.2	166.7	62.4	166.7	78.4	0.10	0.1	0.5	1.00
	8	166.7	30.4	166.7	42.4	166.7	62.4	0.00	0	0.5	/
X16	7	166.7	29.6	166.7	34.4	166.7	42.4	0.09	0	0.5	/
	8	166.83	4	166.72	9.6	166.72	12	0.13	0.13	0.5	0.85
X17	7	166.59	3.2	166.7	29.6	166.7	34.4	0.11	0.11	0.5	1.00
	8	166.85	4	166.72	9.6	166.73	12.8	0.15	0.15	0.5	0.80
X18	7	166.55	3.2	166.7	48.8	166.7	55.2	0.15	0.15	0.5	1.00
	8	166.91	5.6	166.69	42.4	166.69	52.8	0.21	0.21	0.5	1.00

135

续表

工况	Z_0 /m	Z_1 /m	对应时间 /s	Z_2 /m	对应时间 /s	Z_3 /m	对应时间 /s	周期 /s	向上最大振幅/m	向下最大振幅/m
X1	1634.63	1647.15	147.2	1629.95	396.8	1644.75	644	499.2	12.53	4.67
X2	1623.77	1639.41	152.8	1617.09	405.6	1637.98	657.6	505.6	15.65	6.68
X3	1633.66	1649.52	152.8	1626.52	404.8	1648.37	656.8	504	15.87	7.13
X4	1640.87	1650.14	136.8	1636.56	380.8	1648.22	624	488	9.28	4.31
X5	1631.37	1641.67	140.8	1626.65	384	1639.67	628	486.4	10.3	4.71
X6	1639.96	1650.99	140.8	1634.84	388	1649.14	631.2	494.4	11.03	5.12
X7	1644.79	1653.29	131.6	1639.85	372	1651.78	612.8	481.6	8.5	4.94
X8	1635.76	1644.77	132	1630.52	374.4	1643.32	614.4	484.8	9.01	5.24
X9	1644.74	1654.04	132.8	1639.32	375.2	1652.65	616	484.8	9.31	5.42
X10	1649.44	1654.13	120.8	1645.59	360	1653.36	598.4	478.4	4.69	3.84
X11	1640.84	1645.67	121.6	1636.82	360	1644.97	598.4	476.8	4.83	4.02
X12	1650.09	1654.92	121.6	1646.06	360	1654.12	598.4	476.8	4.84	4.03
X13	1649.68	1649.59	125.6	1649.75	363.2	1649.6	601.6	475.2	0.07	0.09
X14	1641.09	1641.04	127.2	1641.12	368.8	1641.05	607.2	483.2	0.03	0.05
X15	1650.33	1650.22	124.8	1650.42	363.2	1650.23	600.8	476.8	0.09	0.11
X16	1645.46	1645.44	18.4	1645.44	22.4	1645.34	144.8	8	0	0.15
X17	1636.43	1636.41	18.4	1636.4	36	1636.38	54.4	35.2	0	0.17
X18	1645.03	1645	18.4	1645	22.4	1644.83	173.6	8	0.02	0.21

小波动过渡过程各工况下机组调节品质均较好，均能在 30s 以内进入 ±0.4% 的带宽。对于混流式水轮机，一般来说水头越高的机组调节品质越好，主要是因为中低比转速的水轮机在高水头工况运行，其工况点的综合调节系数较小，有利于机组的稳定。

4. 小波动计算结论

（1）小波动各个工况下均能满足稳定性要求。

（2）通过取不同的调速器参数计算工况 X3 下正常运行机组的调节品质可以看出，调速器微分常数对机组的稳定性影响很小。

（3）通过对锦屏二级水电站小波动稳定性的计算可知：在小波动过程中其主波很容易进入带宽，一般来说 20s 左右就能进入 ±0.4% 的带宽，但是由于上游调压室波动的滞后性很强，因此其尾波很难稳定下来，一般到 2000 多秒才能衰减下来。

5.5 真机原位试验

锦屏二级水电站发电运行后,对 1 号、2 号和 3 号水力单元的 1～6 号机组先后进行了甩负荷试验的水力学原型观测,并利用数值仿真计算方法进行了相应工况的复核计算;将计算结果与试验成果进行对比,以评估水力过渡过程计算成果,并以此全面复核电站水力学特性。由于 1～3 号水力单元的监测成果与对比分析结论基本相同,因此本节以 1 号水力单元为例进行详细情况介绍。

5.5.1 基本情况介绍

锦屏二级水电站工程规模巨大,引水隧洞超长,洞径大,上游差动式调压室结构复杂,水头高,单机容量大,其输水发电系统的水力过渡过程是目前国内,甚至是世界上最为复杂的水电站之一。华东院在工程的各个阶段,针对锦屏二级水电站的水力过渡过程开展了大量的卓有成效的计算、研究和分析工作。

根据相关规程规范及合同要求,对锦屏二级水电站 1 号机组进行了带 25%、50%、75% 和 100% 额定负荷的机组甩负荷试验,具体为从带 25%、50%、75% 和 100% 额定负荷甩至空载,在甩负荷试验前,为预测甩负荷的相关过渡过程,现场利用数值仿真计算软件现场进行了相应工况的计算。

本节正是利用这些真机甩负荷试验的水力过渡过程成果(本节实测成果全部为中控室监测数据)与理论计算成果展开对比分析。

需要说明的是:由于调压室两升管水位值测量通道的损坏,电站中控室数据采集系统只能取得 1 号调压室大井的水位,而无法取得 1 号调压室两升管的水位,因此无法得到实测调压室大井与升管之间的隔墙压差大小。为了获得调压室隔墙压差的大小,监测中心在调压室大井和两升管重新补充布置了三个水位测点,并相应布置了一套数据采集系统(称之为增补监测系统),以取得调压室大井和两升管的水位值。但是由于种种原因,在 1 号机组甩负荷试验过程中,增补的数据采集系统也未获得完整的调压室水位波动过程,因此 1 号机组甩负荷过程中无法得出准确的调压室压差极值及压差的变化过程。

1. 基本资料

(1)上游调压室参数。上游调压室采用带上室的差动阻抗式调压室,结构示意图见图 5.5-1,具体参数见表 5.5-1。

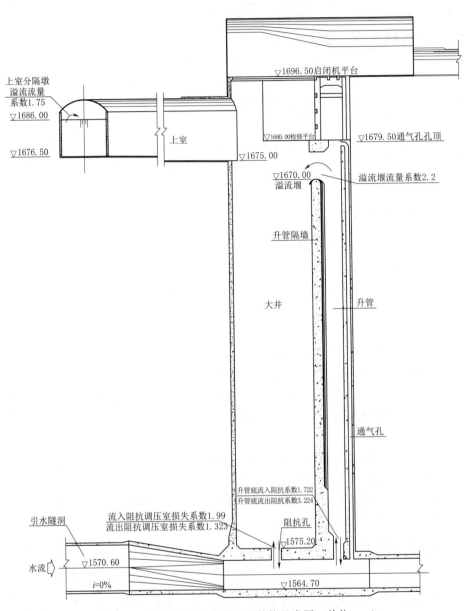

图 5.5-1　上游差动式调压室结构示意图（单位：m）

表 5.5-1　　　　　　　　　　　上游调压室参数

项　目	单位	数值	备　注
大井面积	m²	346.35	直径 21m（不包括升管面积）
大井闸门检修平台以上面积	m²	575.00	高程 1680.00m 以上，不包括 1680.00～1691.00m 之间溢流上室的面积

续表

项　目	单位	数值	备　注
大井底板顶高程	m	1575.20	底板衬砌厚度3.0m
启闭机平台高程	m	1696.50	
闸门检修平台高程	m	1680.00	
上室分隔墩顶高程	m	1686.00	
上室分隔墩溢流流量系数		$M=1.75$	$M=\mu\sqrt{2g}=1.75$（自由溢流流量系数 μ 取0.395）
井底过流面积	m²	88.28	断面尺寸：6m×7.5m（修圆半径1.5m）
升管溢流高程	m	1670.00	
升管溢流堰宽度	m	6.0	2个升管，分别带有一个溢流堰
升管溢流堰由升管溢入大井溢流系数		$M=2.23$	$M=\mu\sqrt{2g}=2.23$（根据前期模型试验，自由溢流流量系数 μ 取0.503）
升管溢流堰由大井溢入升管溢流系数		$M=2.34$	$M=\mu\sqrt{2g}=2.34$（根据前期模型试验，自由溢流流量系数 μ 取0.529）
升管断面面积	m²	69.28	2个升管，每个升管34.64m²
升管水力半径	m	2.35	
隔墙断面面积	m²	35.3	单个隔墙断面面积17.65m²
大井底板阻抗孔总面积	m²	13.85	4个直径2.1m的圆孔
经阻抗孔流入调压室损失系数		1.99	阻抗孔口损失系数 ξ，根据前期模型试验取值
经阻抗孔流出调压室损失系数		1.323	
升管底部槽口面积	m²	38.04	两个闸门槽，每个门槽19.02m²
经升管底部槽口流入升管阻抗系数		1.722	阻抗孔口损失系数 ξ，根据前期模型试验取值
经升管底部槽口流出升管阻抗系数		3.224	
上室底板高程	m	1675.00～1676.50	底坡1.364%（1号、2号上游调压室）底坡1.038%（3号、4号上游调压室）
上室长度	m	174.50	1号、2号上游调压室
		187.50	3号、4号上游调压室
上室断面尺寸	m	12×(14.5～16.0)	城门洞形（$b \times h$）

（2）输水系统管网参数。输水系统管网参数见表 5.5－2。

表 5.5 - 2　　　　　　　　　**1 号水力单元管段参数列表**

部位	管段编号	长度 L /m	断面尺寸/m（断面面积/m²）	断面型式	糙率	水头损失 /(×10⁻⁶m)	备　　注
上游引水道	1	100	—	—	0.0135	$1.595Q^2$	进洞口至闸门井中心
	2	1742.875	11.8（113.11）	四心圆马蹄形	0.0135	$6.220Q^2$	隧洞西端平坡段
	3	4157.125	11.8（113.11）	四心圆马蹄形	0.0135	$13.77Q^2$	混凝土衬砌段
	4	4000	11.8（113.44）	平底马蹄形	0.0135	$13.29Q^2$	混凝土衬砌段
	5	6200	10.8（93.92）	四心圆形	0.0135	$33.52Q^2$	混凝土衬砌段
	6	245.615	11.2（103.57）	平底马蹄形	0.0135	$1.086Q^2$	混凝土衬砌段
	7	188.676	11.2	平底马蹄形	0.0135	$1.170Q^2$	隧洞东端平坡段
	8	39	—	—	0.0135	$4.204Q^2$	隧洞末端至大井中心
第一机组	1 - 1	53.131		—	0.0135	$3.120q^2$	1 号机上平洞
	1 - 2	400.934	6.5	圆形	0.012	$43.32q^2$	1 号机上平段末端、竖井、下弯段、部分下平段
	1 - 3	118	6.5	圆形	0.012	$9.275q^2$	1 号机下平段 2
	1 - 4	—			0.001	—	1 号机蜗壳段
	1 - 5				0.001	—	1 号机尾水管段
	1 - 6	100.48	9.5 ×12.8（114.55）	城门洞形	0.0135	$1.319q^2$	1 号机尾水管出口至闸门井中心
	1 - 7	102.739	9.5×12.8	城门洞形	0.0135	$0.554q^2$	1 号机闸门井中心至出口
1 号机组	2 - 1	53.131	—	—	0.0135	$3.120q^2$	1 号机上平洞及上弯段
	2 - 2	399.595	6.5	圆形	0.012	$43.32q^2$	1 号机上平段末端、竖井、下弯段、部分下平段
	2 - 3	118	6.5	圆形	0.012	$9.275q^2$	1 号机下平段 2
	2 - 4				0.012	—	1 号机蜗壳段
	2 - 5				0.001	—	1 号机尾水管段
	2 - 6	105.933	9.5×12.8	城门洞形	0.0135	$1.319q^2$	1 号机尾水管出口至闸门井中心
	2 - 7	105.833	9.5×12.8	城门洞形	0.0135	$0.554q^2$	1 号机闸门井中心至出口

注　Q 为流量，q 为单宽流量。

（3）机组资料。水轮发电机组相关参数见表 5.5-3。

表 5.5-3　　　　　　　　　　　水轮发电机组相关参数

项　目	单位	数　量	备　注
水轮机型号		B131	
转轮进口直径	m	6.5572	
转轮出口直径	m	4.60	
水轮机额定出力	MW	610	
水轮机额定流量 Q_r	m³/s	228.6	
水轮机额定转速 n_r	r/min	166.7	
水轮机额定水头 H_r	m	288.0	
水轮机最大毛水头	m	321.0	
水轮机最小水头	m	279.2	
额定工况单位流量	m³/s	0.3125	
飞逸转速	r/min	280	
额定工况 n_s	m·kW	109.72	
最大水推力	kN	≤7284	
水轮机转动惯量 GD^2	t·m²	802.6（额定工况包括水体）	发电机转动惯量 75000t·m²
安装高程	m	1316.80	
吸出高度 H_s	m	−10.1	
水轮机额定工况效率	%	94.9	真机效率，效率修正 1.6%
水轮机最优工况效率	%	95.81	真机效率，效率修正 1.6%

注　数值仿真计算时计入了水轮机转动惯量。

2. 真机试验导叶关闭规律

数值计算采用与真机甩负荷基本相同的导叶关闭规律（只有缓冲段略有不同，真机缓冲段为一平缓曲线，计算采用一段直线近似模拟），即均为 13s 一段直线关闭，具体见图 5.5-2。

（1）上下游水位。甩负荷试验当天上、下游水库水位分别为：上游进水口前库水位为 1643.40m，下游出口尾水位为 1331.80m。计算采用与实际上、下游相同的库水位。

（2）计算程序及计算模型。1 号水力单元数值仿真计算采用的软件为华东院研发的过渡过程计算软件 Hysim 4.0，1 号水力单元输水发电系统过渡过程计算模型见图 5.5-3。

（3）试验工况。1 号机组根据相关规范进行了甩负荷试验，甩负荷试验工况见表 5.5-4。

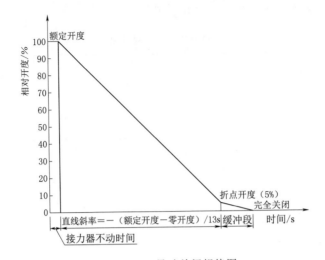

图 5.5-2　导叶关闭规律图

注　折点的纵坐标为导叶的相对开度,图中以额定开度作为 100% 相对开度。

图 5.5-3　1号水力单元计算模型

表 5.5-4　　　　　　　　　　1号机组甩负荷试验工况列表　　　　　　单位:m

计算工况	上库水位	下库水位	工况说明
S1	1643.40	1331.80	1号机组带 25% 额定负荷 (150MW),2号机组停机,1号机组突甩全部负荷,调速器按律定规律关闭导叶
S2	1643.40	1331.80	1号机组带 50% 额定负荷 (300MW),2号机组停机,1号机组突甩全部负荷,调速器按律定规律关闭导叶
S3	1643.40	1331.80	1号机组带 75% 额定负荷 (450MW),2号机组停机,1号机组突甩全部负荷,调速器按律定规律关闭导叶
S4	1643.40	1331.80	1号机组带 100% 额定负荷 (600MW),2号机组停机,1号机组突甩全部负荷,调速器按律定规律关闭导叶
S5	1643.40	1331.80	1号机组带 100% 额定负荷 (600MW),2号机组停机,1号机组进行事故低油压试验,调速器按律定规律关闭导叶

5.5.2 真机试验调保极值与计算调保极值统计

在机组甩负试验开始前，根据甩负荷试验时的上下游库水位等相关基本资料，现场进行了 1 号机组甩负荷数值仿真计算，主要过渡过程参数的中控室实测极值和计算极值见表 5.5-5，从计算结果看：

表 5.5-5　　锦屏二级水电站 1 号机组甩负荷试验中控室实测结果
与数值仿真计算结果统计

项目	蜗壳进口压力/m		尾水管出口最大/最小压力/m		机组转速升高率		调压室									
	计算值	实测值	计算值	实测值	计算值	实测值	计算最高涌波水位/m	实测最高涌波水位/m	计算最低涌波水位/m	实测最低涌波水位/m	计算总振幅/m	实测总振幅/m	计算隔墙压差/m	实测隔墙压差/m	计算波动周期/min	实测波动周期/min
甩 25% 负荷	353.8	341.7	28.6/24.7	28/26.1	4%	5%	1651.2	1651.3	1635.2	1634.1	16	17	0.8	—		
甩 50% 负荷	365.8	351.8	29.4/23.3	28.3/24.9	13%	14%	1658.2	1658.3	1628.8	1628.7	29	30	3.15	—		
甩 75% 负荷	365.5	365.2	29.5/23	28.4/24	26%	25%	1665.9	1667.2	1623.2	1622.9	43	44	7.25	—	8.5	8.5
甩 100% 负荷	365.2	368.2	29.6/22.2	28.8/23.7	41%	37%	1673.1	1673.6	1618.7	1618.2	54	55	12.16	—		
事故低油压	367.4	364.8	29.5/21.2	28.7/23.5	0	0.9%	1674.6	1674.5	1617.8	1616.6	56.8	57.9	12.25	—		

（1）从甩 25% 额定负荷～甩 100% 额定负荷（包括事故低油压试验，共甩 100% 额定负荷两次），机组蜗壳进口压力实测极值和计算极值分别相差一般为 3.54%～0.81%，实测蜗壳压力极值与计算蜗壳压力极值是十分接近的。

（2）从调压室涌波水位看，实测极值和计算极值也比较接近，调压室涌波总振幅实测值和计算值偏差基本都在 1m 范围以内。

（3）从尾水管出口最大压力看，实测极值和计算极值最大偏差约 1.2m；尾水管出口最小压力，实测极值和计算极值最大偏差约 2.3m，尾水管出口最大和最小压力实测极值和计算极值也是较为接近的。

（4）从机组转速最大升高率看，甩 25%、50% 和 75% 额定负荷的实测值和计算值较为接近，甩 100% 额定负荷的实测值和计算值略微有些差别。

因此，从整体上看，机组蜗壳进口压力、尾水管出口最大/最小压力、机组转速最大升高率、调压室最高和最低涌波水位等主要过渡过程计算参数实测极值和数值仿真计算极值还是很接近的。

据监测中心提供的数据，增补系统实测调压室水位波动极值见表 5.5 - 6。

表 5.5 - 6　　　　　　　　　增补系统实测调压室水位统计

甩负荷试验	最高涌波水位 /m			最低涌波水位 /m			最大水位波动幅度/m			压力表读数 /MPa		
	1号升管	2号升管	大井	1号升管	2号升管	大井	1号升管	2号升管	大井	最大值	最小值	最大变幅
甩 25%	1652.40	1652.56	1652.45	1634.96	1635.05	1635.00	17.43	17.52	17.45	0.84	0.67	0.17
甩 50%	1658.10	1658.21	1658.22	1630.53	1630.34	1630.33	27.56	27.88	27.89	0.92	0.65	0.27
甩 75%	1669.02	1669.01	1668.36	1622.12	1622.12	1622.63	46.90	46.89	45.73	1.00	0.53	0.47
甩 100%	1674.72	1674.63	1674.31	1618.51			56.20			1.06	0.50	0.56
事故低油压	1675.76	1675.80	1675.13	1617.99			57.77			1.07	0.49	0.58

计算值、中控室实测值、增补系统实测值三者调压室水位结果对比见表 5.5 - 7。

表 5.5 - 7　计算值、中控室实测值、增补系统实测值调压室水位结果对比　单位：m

项目	计算值			中控室实测值			增补系统实测值		
	最高	最低	总振幅	最高	最低	总振幅	最高	最低	总振幅
甩 25%负荷	1651.2	1635.2	16	1651.3	1634.1	17	1652.45	1635.00	17.45
甩 50%负荷	1658.2	1628.8	29	1658.3	1628.7	30	1658.22	1630.33	27.89
甩 75%负荷	1665.9	1623.2	43	1667.2	1622.9	44	1668.36	1622.63	45.73
甩 100%负荷	1673.1	1618.7	54	1673.6	1618.2	55	1674.31		
事故低油压	1674.6	1617.8	56.8	1674.5	1616.6	57.9	1675.13		

5.5.3　机组蜗壳进口压力实测和计算变化曲线对比

机组甩 25%、50%、75%、100%额定负荷和事故低油压试验的机组蜗壳进口压力变化过程见图 5.5 - 4～图 5.5 - 8，从机组蜗壳进口压力变化过程看，可以得出以下结论。

（1）无论是实测蜗壳进口压力曲线，还是计算蜗壳进口压力曲线，其压力变化明显表现为在机组导叶关闭过程中，蜗壳压力首先由水锤形成的水锤波控制，水击压力起主导作用；在导叶关闭后，蜗壳压力变化表现出以调压室水位形成的质量波为主，以水锤形成的水锤波为辅的特性，这符合设置上游调压室的输水系统的蜗壳压力变化的一般规律。

（2）从甩 25%额定负荷～甩 100%额定负荷，甩较大负荷时蜗壳进口压力

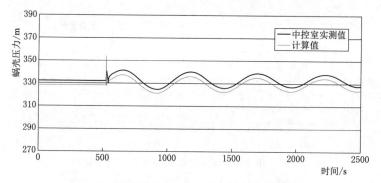

图 5.5 - 4   甩 25％额定负荷蜗壳进口压力变化曲线

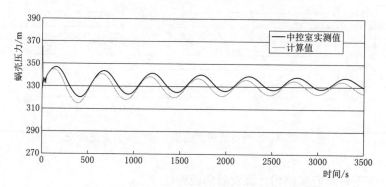

图 5.5 - 5   甩 50％额定负荷蜗壳进口压力变化曲线

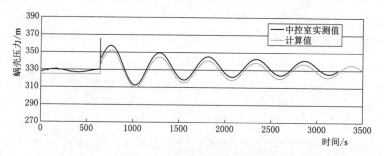

图 5.5 - 6   甩 75％额定负荷蜗壳进口压力变化曲线

实测波动曲线与计算曲线的吻合度较甩较小负荷时要高。主要原因是真实机组为了保护机械不受损害，在导叶关闭末端会形成一个缓冲段，尽管计算中也模拟了缓冲段，但真机缓冲段更为平滑，导叶关闭末端其关闭速率更慢。

（3）从四个甩负荷试验的四个计算工况看，实测的与计算的机组蜗壳进口压力波动曲线基本还是较为吻合的。

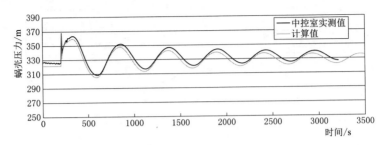

图 5.5-7　甩 100％额定负荷蜗壳进口压力变化曲线

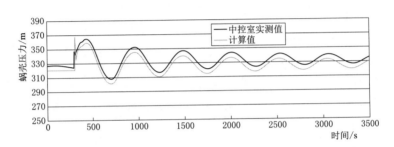

图 5.5-8　事故低油压试验蜗壳进口压力变化曲线

5.5.4　调压室水位实测和计算波动曲线对比

机组甩 25％、50％、75％、100％额定负荷和事故低油压试验的上游调压室水位波动过程见图 5.5-9～图 5.5-13（由于增补系统数据不完整，实测值采用中控室实测值），从上游调压室水位波动过程看，可以得出以下结论。

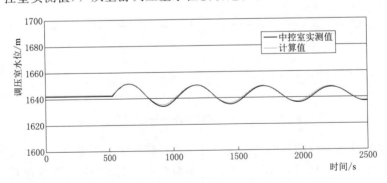

图 5.5-9　甩 25％额定负荷调压室水位变化过程曲线

（1）实测的调压室水位波动周期与计算的调压室水位波动周期是一致的，均为 8.5min 左右。

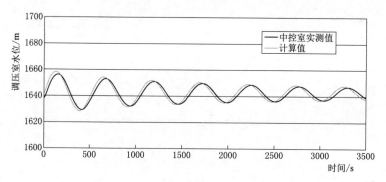

图 5.5 - 10 甩 50％额定负荷调压室水位波动曲线

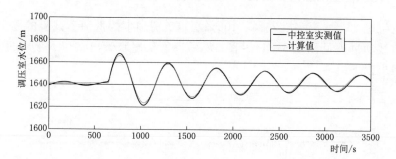

图 5.5 - 11 甩 75％额定负荷调压室水位波动曲线

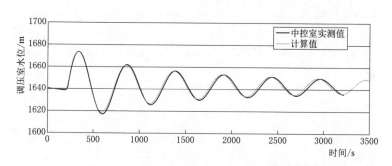

图 5.5 - 12 甩 100％额定负荷调压室水位波动曲线

（2）实测的调压室水位波动幅度与计算的调压室水位波动幅度是一致的，两者的衰减速率也基本一致。

（3）从上游调压室水位波动曲线看，实测的与计算的调压室水位波动曲线是高度吻合的，并且无论是甩较大负荷还是甩较小负荷，吻合度没有明显差异，这主要是由于调压室水位波动周期较长，受导叶关闭速率等因素的影响较小。

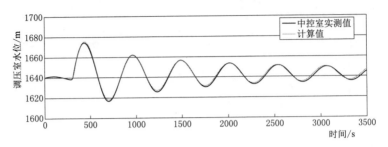

图 5.5-13　事故低油压调压室水位波动曲线

5.5.5　尾水管出口压力实测和计算波动曲线对比

机组甩 25%、50%、75%、100%额定负荷和事故低油压试验的尾水管出口压力波动过程见图 5.5-14～图 5.5-18，从尾水管出口压力波动过程看，可以得出以下结论：

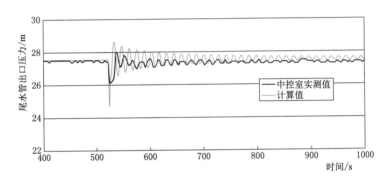

图 5.5-14　甩 25%额定负荷尾水管出口压力变化过程曲线

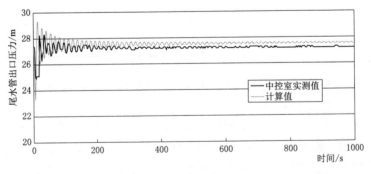

图 5.5-15　甩 50%额定负荷尾水管出口压力波动曲线

（1）实测的尾水管出口压力波动周期与计算的调压室水位波动周期基本一

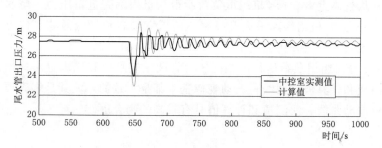

图 5.5-16　甩 75% 额定负荷尾水管出口压力波动曲线

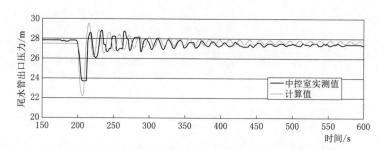

图 5.5-17　甩 100% 额定负荷尾水管出口压力波动曲线

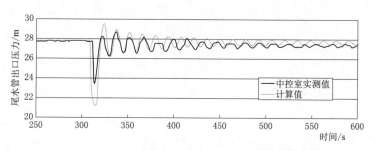

图 5.5-18　事故低油压尾水管出口压力波动曲线

致，但存在少量的差异，受涡流影响，真机尾水管表现出来的周期性没有计算曲线明显。

（2）实测的尾水管出口压力波动幅度与计算的尾水管出口压力波动幅度基本一致，但计算波动幅度较实测波动幅度要略大。

（3）从尾水管出口压力波动曲线看，实测的和计算的尾水管出口压力波动曲线还是基本吻合的。

5.5.6　小结

通过以上的分析，可以得出以下结论：

（1）从整体上看，1 号机组甩负荷所得的机组蜗壳进口压力、尾水管出口最大/最小压力、机组转速最大升高率、调压室最高和最低涌波水位等主要调节保证参数实测极值和仿真数值计算极值还是很接近的。

（2）1 号机组甩负荷所得的蜗壳压力、调压室水位和尾水管出口压力的实测波动曲线和计算波动曲线，波动规律基本都是一致的，尤其是蜗壳压力和调压室水位波动曲线，实测值和计算值具有较高的吻合度。

第6章 水力调控技术研究

6.1 研究背景概述

输水发电系统水力调控技术是涉及水力学、水工结构、水力机械、电气工程、计算机等领域的综合性水电集成技术,水力调控的科学性直接影响工程运行安全性、可靠性和灵活性,我国中长期科学和技术发展规划(2006—2020年)将水电技术列为能源战略的提升重点。锦屏二级水电站装机容量 8 × 600MW,是"西电东送"骨干工程,对推进国家西部大开发、优化区域电源结构具有重大战略意义。4 条引水隧洞单洞长 17.5km,衬后洞径 11.8m,单洞引用流量 457m³/s,是世界 300m 水头段最大单机容量机组,水力调控是除水力瞬变流之外影响工程建设成败的关键技术难题。目前,锦屏二级水电站已实现了全面安全稳定运行。机组调试、试验和运行的实测成果表明,该工程高水头大容量机组均保持良好的水力特性、运行稳定性、灵活性及安全性,证明了特大输水发电系统水力安全调控在实践工程中的成功运用。多年来的运行证实了特大输水发电系统的灵活安全运行,保证了"西电东送"电网的稳定、供电品质。解决了特大输水发电系统水力调控的关键技术难题,填补了我国相关领域的技术空白。

6.2 增减负荷速率敏感性分析

水电机组在电网中运行时,其负荷变化大致可以分为以下两类:①从空载增加负荷至规定值;或机组减负荷至零,导叶关至空载开度,然后发电机脱离电网(正常停机);②机组在既定的出力范围内改变负荷,也就是机组在允许的最小出力和额定出力的范围内增减负荷。

1. 增负荷过渡过程

初始时刻,机组处于空载工况,各参数的初值为:导叶开度等于空载开度,机组已并网,但无输出功率;水轮机力矩大于零,用以克服风阻和摩擦阻力;由于形成速度水头和产生水头损失,蜗壳中的压力小于停机时的静水头。给出增负荷脉冲后,导叶开启,流量随之增加,水轮机力矩开始增加;在实际条件下,由于负水击的作用而引起水头降低,水轮机力矩减小,水头变化与机组导叶开启同时开始，最大的水头降低值发生在流量最大变化梯度的区域内。

机组同步后的增负荷过程完全发生在水轮机工况区，由于机组转速不变，导叶打开时产生负水击，水头降低，使工况线从空载运行点开始。从机组运行过程中的某个瞬时出力开始进行增负荷调节的过渡过程与此类似。

通过对增负荷过渡过程进行分析，有可能求得潜在最优的调节规律，使过渡过程既满足调节保证计算要求，又可较快地改变水轮机力矩，以提高发电机适应负荷变化的速动性。

2．减负荷过渡过程

减负荷过渡过程中转速始终为常数，因流量减小产生正水击，因此，减负荷过渡过程在正常单位转速线上的空载开度点结束，或中间的某个位置结束。

3．机组正常停机

机组正常停机与减负荷过渡过程类似，当工况线穿过空载开度线后，导叶关闭过程仍继续进行，直到在制动工况区内机组完全停机为止，此时 $y=0$，$n_{11}=0$。具体过程与切除脉冲的时间有关，$n=0$ 时切除，平稳实现无突变过渡；$n>0$ 时切除，会产生小的甩负荷过渡过程；$n<0$ 时切除，由于存在大的制动力矩，转速剧烈下降，工况线下降较快。

6.3 调压室水位波动能量相消机理

能量相消机理源于系统中能量转换的原理，就是将能量的一种状态变到另一种状态的能量；类似装置的能量回馈原理见图 6.3-1。但是无论怎么转换，能量都是守恒的。其基本原理是将运动中负载上的机械能（位能、动能）通过能量回馈装置变换成电能（再生电能）并回送给交流电网，供附近其他用电设备使用，使电机拖动系统单位时间内消耗的电网电能下降，从而达到节约电能的目的。特大输水发电系统高水头大容量机组在工况转换过程中，都伴随着巨大的能量转换；如机组甩负荷后，机组脱离电网，无法将机械能转换电能，机组转速上升。为保证机组的安全，机组导叶关闭，使特大输水发电系统中巨大的动能转换为势能，给输水系统带来了额外的负担；而在机组增负荷时，机组又需要大量的动能和势能，因此需要从输水系统接收大量的能量。通过合理的时机选择，吸收输水系统中大量的额外能量，支持机组的电能快速输出，同时又能减少特大输水发电系统在工况调节过程中增加的额外负担，是特大输水发电系统高

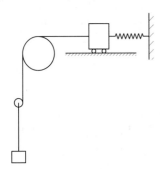

图 6.3-1 类似装置的能量
回馈原理图

水头大容量机组运行策略的关键。

调压室的水位波动分析可以分为三个部分：①调压室小波动稳定性分析；②调压室大波动稳定性分析；③调压室水位大波动计算（也称"调压室涌波水位计算"）。

由于调压室小波动稳定性分析是在小波动假定下进行，传统线性系统理论中的稳定性分析方法都可以适用，较常用的有：①特征方程（或特征行列式）法；②频率响应法；③根轨迹法。其中可以完全用解析方法进行分析的，只有特征方程法。

在大波动分析方面，某些调压室在满足小波动稳定条件后，在大波动条件下仍可能出现不稳定现象。

调压室系统的动态特性的研究，首先要认识调压室系统最重要的一个物理现象：水体振荡（mass oscillations）。水体振荡的实质其实是一种特殊边界条件的 U 形管振荡，系统内一个周而复始的水体动能转换成势能，势能转换成动能的周期性物理现象。

调压室系统水体振荡的主要外在表现就是调压室的水位波动。一个设有调压室水电站的任何快速流量的变化都会引起不同程度的调压室水位的波动。图 6.3-2 中调压室系统基本方程组如下。

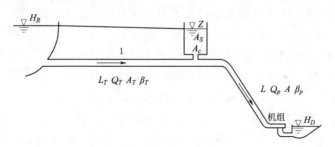

图 6.3-2 输水发电系统示意图

（1）引水隧道运动方程（刚性水击方程）：

$$\frac{dQ_T}{dt}=\frac{gA_T}{L_T}(H_R-Z-\beta_T|Q_T|Q_T) \qquad (6.3-1)$$

式中：β_T 为压力引水隧道水头损失系数，它的另一种表达式为 $\beta_T=\alpha/A_T^2$。

（2）调压室水位运动方程：

$$\frac{dZ}{dt}=(Q_T-Q_p)/A_s \qquad (6.3-2)$$

式中：Z 为调压室水位。

如果水电站因电负荷而流量变为零，即 $Q_p=0$，同时忽略隧道水头损失，方程式（6.3-1）、式（6.3-2）可以简化为

$$\frac{\mathrm{d}Q_T}{\mathrm{d}t}=\frac{gA_T}{L_T}(H_R-Z) \tag{6.3-3}$$

$$\frac{\mathrm{d}Z}{\mathrm{d}t}=Q_T/A_s \tag{6.3-4}$$

通过方程式（6.3-3）、式（6.3-4）不难证明，该系统将进入"无阻尼自由振荡"状态。即调压室水位做不衰减等幅波动。

角频率为
$$\omega=\sqrt{\frac{gA_T}{L_TA_s}} \tag{6.3-5}$$

周期为
$$T=2\pi\sqrt{\frac{L_TA_s}{gA_T}} \tag{6.3-6}$$

如果不忽略阻尼因素，那么振荡过程就会衰减的。根据系统稳定性的定义，这样的系统是稳定的。

6.4　时间窗口水力调控

6.4.1　时间窗口概念

大容量巨型差动式调压室运行的主要问题是调压室水位波动振幅大，波动衰减速度慢，调压室隔墙（板）承受的结构压差巨大。要优化大容量巨型调压室的运行条件，必须寻找有效抑制调压室水位波动振幅、加快调压室水位波动衰减的方法。超长引水系统由于引水隧洞长，普遍具有较长的调压室水位波动周期；根据锦屏二级水电站输水发电系统水力瞬变数值分析和实测成果，调压室一个水位波动周期长达 8~9min，这也充分说明了超长输水系统的这一水力学固有特性。从数值分析和实测成果可以看出，锦屏二级水电站调压室的单个水位上升或下降过程持续时间 4~5min；而对于水轮发电机组，其调节速度是以秒，甚至是毫秒来计。因此相对于机组调速器而言，调压室的水位波动过程是一个十分漫长的过程，这样一个个水位上升或下降过程就形成了一个个的可操作的时间窗口，可以利用这些时间窗口进行有效的操作，快速衰减调压室的水位波动，时间窗口示意见图 6.4-1。

锦屏二级水电站输水系统长、机组容量大；特大输水发电系统普遍存在涌波水位振幅大、波动衰减慢、水力压差高、运行条件受限等问题。20 世纪 90年代的西南某水电站发生调压室胸墙垮塌事故，特大输水发电系统安全调控问题成为制约工程建设成败的关键技术难题。

考虑到锦屏二级水电站调压室水位波动周期长达 480~540s，一个水位上升或下降过程持续时间 240~300s；而机组调速器的调节速度是以秒或毫秒

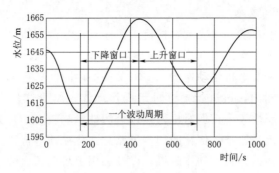

图 6.4-1 时间窗口示意图

计，这样一个个水位上升或下降过程就形成了一个个的可操作的时间窗口。因此，对于锦屏二级水电站调压室涌波水位波动形成的一个个时间窗口，在水电站运行过程中，化被动等待为主动调节，通过机组调节上游调压室水位波动，快速衰减调压室水位波动，见图 6.4-2。

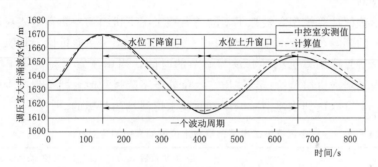

图 6.4-2 调压室水位波动的时间窗口

6.4.2 机电一体化时间窗口智能调控方法的实践与运用

1. 运行控制的手段和条件

大容量巨型调压室运行工况复杂，组合情况繁多，工程规模巨大。利用原型电站进行多工况叠加或转换的试验研究存在两个问题：一是需要承担巨大的工程风险，二是电站调试投产任务时间紧迫，不允许进行长时间的科研试验。因此，大容量巨型调压室运行控制研究最为快捷、有效的方法还是数值仿真计算。通过依托工程的原型实测成果和数值仿真计算的对比分析，验证了数值仿真计算的准确性和计算精度，为特大输水发电系统的调压室运行优化提供了研究的基础条件；可以利用具有较高精度数学模型来模拟原型机组运行过程中的各种工况，优化原型机组的运行条件。

155

2. 运行控制的思路

特大输水发电系统高水头大容量机组的运行控制的实质是控制调压室水位波动幅度,以防止多次机组动作造成不利的组合。一般情况下,机组运行控制的具体实现方法是一次机组动作后,要求等待一段时间;待调压室水位波动振幅衰减到一定范围内,再进行下续机组操作动作。尽管这种方式较为安全可靠,误操作的可能性较小,但对机组运行灵活性影响较大。特大输水发电系统高水头大容量机组运行条件优化的初步思路是:化被动等待为主动调节,通过利用机组导叶的动作方式、动作时机,以及利用上游调压室的水位变化,结合人工干预上游调压室水位波动进行反调节的方式优化机组运行方式。

根据水轮机调节的基础理论及实践,机组增加负荷,需要增大机组导叶开度,上游调压室水位是呈下降趋势的;机组减小负荷,需要减小机组导叶开度,上游调压室水位是呈上升趋势的。因此,可以结合调压室水位波动过程中形成的一个个时间窗口,主动地适时增减机组负荷,达到快速衰减调压室水位波动的目的。

利用数值计算模型,模拟了不同的典型工况下机组增减负荷方式对调压室水位衰减的影响,见表6.4-1和图6.4-3~图6.4-6。通过以上计算结果说明,只要适当地调整机组导叶参与调节的时间,当调压室水位处于上升过程时,适当地增加机组负荷;当调压室水位处于下降过程时,适当地减少机组负荷,是完全可以达到快速消减调压室涌波水位波动的目标的。

表6.4-1 不同典型工况下调压室水位波动衰减幅度对比

工况说明	增/减负荷后1000s调压室的水位波动总振幅/m	
	无人为干预	人为参与干预
工况1:先增负荷,再增负荷工况	约30	约3
工况2:先增负荷,再减负荷工况	约27	约5
工况3:先减负荷,再减负荷工况	约32	约5
工况4:先减负荷,再增负荷工况	约30	约6

依托工程1号水力单元原型机组试验,实测出力及调压室实测水位变化过程见图6.4-7和图6.4-8。在1号水力单元原型机组试验过程中,适当地调整了机组增负荷的方式。在调压室水位上升的过程中,增加机组负荷;在调压室水位下降过程中,暂停增负荷。利用这种台阶形间歇式的增负荷方式,达到了快速衰减调压室涌波水位的目的。

利用数值计算模型,模拟了原型机组试验过程的增负荷方式见图6.4-9~图6.4-10。从计算结果看,数值计算的调压室波动水位变化过程和原型试验实测调压室水位波动过程基本是一致的,这也再次证明了数值计算的可靠性。

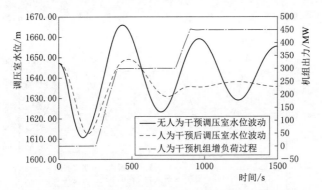

图 6.4-3　典型增~增负荷工况调压室水位波动对比

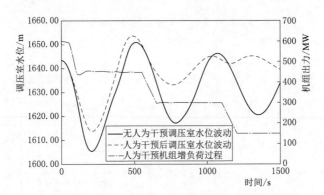

图 6.4-4　增~减负荷工况调压室水位波动对比

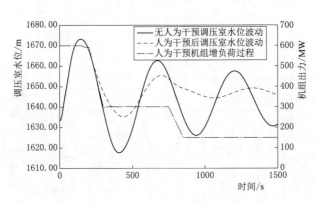

图 6.4-5　典型减~减负荷工况调压室水位波动对比

3. 运行实例

下面以开机工况（表 6.4-2）为例，介绍时间窗口调控方法的应用。

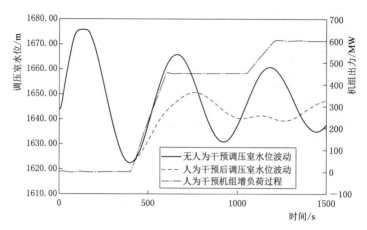

图 6.4 - 6　典型减~增负荷工况调压室水位波动对比

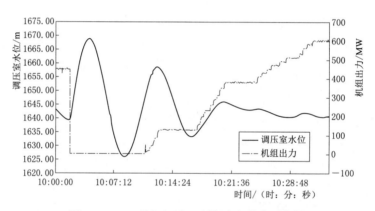

图 6.4 - 7　2 号机组甩 75％额定负荷实测资料

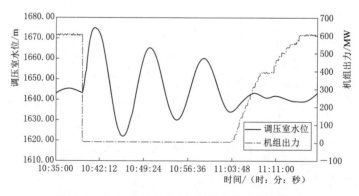

图 6.4 - 8　2 号机组甩 100％额定负荷实测资料

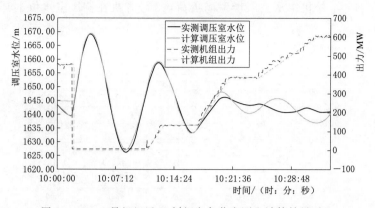

图 6.4-9 2号机组甩 75％额定负荷实测和计算结果对比

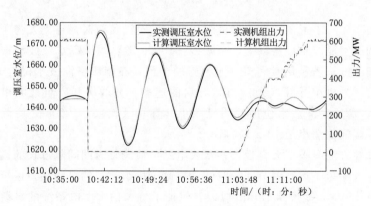

图 6.4-10 2号机组甩 100％额定负荷实测和计算结果对比

表 6.4-2 　　　　　　　　　开 机 工 况

计算工况	上游水位/m	下游水位/m	负荷变化	说　　明
SD8	1646.00	1330.60	0→1→2	下游一台机运行尾水位，一台机增负荷，一台机空载运行，经过 ΔT 时间后空载机组增负荷

工况 SD8 计算分析：

上游水位：1646.00m（正常蓄水位）。

下游水位：1330.60m（一台机运行尾水位）。

水轮机初始开度：10％，11％。

水轮机初始净水头：315.3m，315.3m。

水轮机初始出力：52.3MW，53.4MW。

发电出力：0.0MW，0.0MW。

仿真过程：①无人为干预：1号机组从空载增值满负荷，2号机空载；

②人为干预：1号机组从空载增值满负荷，2号开机在调压室水位上升期间导叶逐渐开启。

导叶关闭规律：1号机75s直线开启。

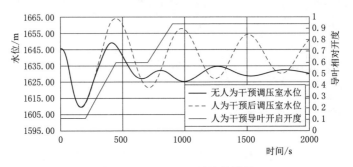

图6.4-11 SD8工况计算结果

由图6.4-11可知：当1号机组从空载增至满负荷时，在无人为干预的情况下，调压室涌波水位振幅大，衰减慢，1000s之后调压室水位波动振幅依旧能够达到30m；若利用时间窗口人为施加干预，在调压室涌波水位上升阶段，缓慢开启2号机组导叶（500s直线开启的速率，分两次开启至最大出力对应的开度），调压室涌波水位振幅明显减小，且衰减较快，1000s之后调压室水位波动振幅能都缩小至10m以内。

该调控方法突破了大容量长输水式电站负荷调整时间间隔过长的运行限制瓶颈，极大缩短了运行调节间隔时间，提高了机组运行的灵活性。运行调节间隔时间由120min缩短到15min以内，保证了特大输水发电系统的灵活运行和"西电东送"电网安全、供电品质。

通过时间窗口调控方法的研究与实践，全面揭示了水力调节、机组负荷、电网调度协同运行的能量相消机理；提出了水力—机械协同工作时间窗口智能调控方法；建立了调压室水位波动快速衰减的智能调控系统，首次开展了包含巨型差动式调压室、高水头大容量机组、直流输电电网的联合原型测试和调节控制，攻克了特大输水发电工程同一水力单元机组负荷调整时间间隔过长的运行限制难题，极大地缩短了电站运行工况转换时机组调度间隔时间，提高了机组运行的灵活性。

参 考 文 献

常近时，1991. 水力机械过渡过程［M］. 北京：高等教育出版社.

陈家远，2008. 水力过渡过程的数值模拟及控制［M］. 成都：四川大学出版社.

陈祥荣，张洋，杨安林，2016. 锦屏二级长大引水发电系统充排水试验及其实践［J］. 水电站设计，32（4）：81-85.

丁果，鞠小明，陈祥荣，等. 2010. 复杂结构差动式调压室阻力系数试验研究［J］. 四川水力发电，29（5），151-154.

凡家昇，鞠小明，陈云良，等，2012. 调压室阻抗孔修圆三维数值计算［J］. 水利水电科技进展，32（5），20-23.

洪振国，刘浩林，2015. 水电站调压井特征线法水力计算研究［J］. 中国农村水利水电，（4）：163-166.

侯靖，李高会，李新新，等. 2019 复杂水力系统过渡过程［M］. 北京：中国水利水电出版社.

靳亚宁，2017. 长有压引水系统水电站水力过渡过程研究［D］. 西安：西安理工大学.

鞠小明，陈家远，1996. 阻抗差动式调压室的水力计算研究［J］. 水力发电学报，15（4）：54-60.

鞠小明，涂强，1996. 水电站引水系统模型试验研究中若干问题的探讨［J］. 成都科技大学学报，90（2）：13-17.

刘甲春，张健，俞晓东，2016. 双机共尾水溢流式调压室过渡过程研究［J］. 人民长江，47（10）：72-75，95.

刘启钊，1980，水电站［M］. 北京：中国电力出版社.

刘启钊，彭守拙，1995. 水电站调压室［M］. 北京：中国水利水电出版社.

刘亚坤，2016. 水力学［M］北京：中国水利水电出版社.

乔德里，1985. 实用水力过渡过程［M］. 陈家远，译. 成都：四川省水力发电工程学会.

清华大学水力学教研组，1981. 水力学：下［M］. 北京：人民教育出版社.

王树人，1983. 调压室水力计算理论与方法［M］. 北京：清华大学出版社.

王伟，胡晨贺，邓兆鹏，等，2018. 长引水隧洞机组运行方式限制因素分析与解决措施［J］. 水电与新能源，32（9）：67-70.

闻邦椿，鄂中凯，2010. 机械设计手册：常用设计资料［M］. 北京：机械工业出版社.

吴疆，陈祥荣，潘益斌，等，2015. 超长大容量复杂引水发电系统水力过渡过程关键技术研究及应用［J］. 水力发电，41（6）：98-101.

吴疆，张婷，2020. CFD 三维流场数值仿真技术在锦屏二级水电站 TBM 组装洞中的应用［J］. 大坝与安全，（2）：38-41.

吴世勇，王鸽，王坚，2008. 锦屏二级水电站上游调压室型式优选研究［C］//四川省水力发电工程学会. 2008 年学术年会.

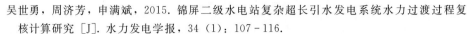

吴世勇，周济芳，申满斌，2015. 锦屏二级水电站复杂超长引水发电系统水力过渡过程复核计算研究 [J]. 水力发电学报，34（1）：107－116.

徐正凡，1986. 水力学. [M]. 北京：高等教育出版社.

杨开林，2000. 电站与泵站中的水力瞬变及调节 [M]. 北京：中国水利水电出版社.

张春生，2007. 雅砻江锦屏二级水电站引水隧洞关键技术问题研究 [J]. 中国勘察设计，（8）：41－44.

张春生，侯靖，2014. 水电站调压室设计规范 [M]. 北京：中国电力出版社.

张春生，周垂一，刘宁，2017. 锦屏二级水电站深埋特大引水隧洞关键技术 [J]. 隧道建设（中英文），37（11）：1492－1499.

郑源，陈德新，2011. 水轮机 [M]. 北京：中国水利水电出版社.

郑源，张健，2008. 水力机组过渡过程 [M]. 北京：北京大学出版社.

周辉，高阳，张传庆，等，2018. 锦屏二级水电站引水隧洞减压孔布置方案优化 [J]. 河海大学学报（自然科学版），46（1）：59－65.

周小红，2016. 水锤现象及防护措施 [J]. 冶金动力，（7）：46－48，51.

CHAUDHRY M H，1980. Nonlinear mathematical model for analysis of transients caused by a governed francis turbine [J]. International Conference on Pressure Surges，301－314.

CROSS H，1936. Analysis of flow in networks of conduts or conduetors [J]. University of llino Bulletin，286（1）：42－47.

FOX P，1960. The solution of hyperbolc partinl differential equations by difference methods [J]. Mathematical Methods for Digital Computers，180－188.

GRAYC A M，1953. The analysis of the dissipation of energy in water hammer [J]. Proc. Amer. Soc. Civ Engrs，274（119）：1176－1194.

HOSKIN N E，ABBOTT M B，1968. An introduction to the method of characteristics [J]. Mathematical Gazette，52（380）：207.

JAEGER C，1977. Fluid transients in hydro－electric engineering practice [J]. Blackie，4（86）：793－794.

LAX P D，2010. Weak solutions of nonlnear hyperbolic equations and their numerical computation [J]. Communications on Pure & Applied Mathematics，7（1）：159－193.

LI X X，BREKKE H，1989. Large amplitude water level oscillations in throttled surge tanks [J]. Journal of Hydraulic Research，27（4）：537－551.

LISTER M，1960. The numerical solution of hyperbolic partial differential equations by the method of characteristics [J]. Mathematical Methods for Digital Computers，165－179.

MARTIN C S，DEFAZIO F G，1969. Open－channel surge simulation by digital computer [J]. Journal of the Hydraulics Division，95：2049－2070.

AIVAZYAN O M，1992. Hydraulic resistances and capacity of uniform aerated and nonaerated rapid flows in concrete channels [J]. Power Technology & Engineering，26：358－367.

RUPRECHT A，HELMRICH T，2004. Very large eddy simulation for the prediction of unsteady vortex motion [J]. Modelling Fluid Flow，229－246.

WYLIE E B，STREETER V L，1978. Fluid transients [M]. Osborne McGraw－Hill Osborne McGraw - Hill international book company.

YAMABE M，1971. Hysteresis characteristics of Francis pump turbines when operated as turbine [J]. Journal of Basic Engineering，83：80 - 85.

YAMABE M，1972. Improvement of hysteresis characteristics of Francis pump turbines when operated as turbine [J]. Journal of Basic Engineering，94：581 - 585.